不思議！
一張A4紙、
簡單4步驟，
輕鬆做出布雜貨

文字‧攝影｜海豚

高寶書版集團

縫一段幸福時光

前年年底，突然迷上手作，每天都很自得其樂地窩在書桌前縫縫縫，當然一開始的成品頗不怎麼樣（花色現在看來也不愛），不過後來陸陸續續參考許多手作書籍，還有網路上各高手的做法，也有了一點點的進步，甚至學會把我喜歡的鑰匙包和零錢包從皮的變成布製的，顏色搭配也能隨心所欲。

手作的樂趣在於可以挑選自己喜歡的布料、配件和樣式，然後一針一線、或者踩著縫紉機慢慢縫，完成後每一個都是獨一無二的，即使有點小小的不完美也會覺得可愛，而且手作時，布料一直握在手中，久了就會有一種溫潤的手感。

不僅如此，專注於針線時，心情會平靜下來，這大概就是手作的迷人之處吧。

海豚

CONTENTS...

CONTENTS...

HANDMADE　　LIFE 3..............

PART 3 展現自我的個性小物

PART 4 海豚的基礎手作小教室

PART ONE

小巧可愛的袋中袋

包包裡面總是有一堆零碎小物、無法好好收納嗎？找個東西還得全部倒出來？有時心愛的包包款式就是沒有足夠的口袋？其實只要多做幾個小巧可愛的包包放在大包包裡，不但方便收納，還可以分開攜帶喔！

[迷你小冊子 鑰匙包]

不到一個巴掌大小，可以收納許多鑰匙，握在手中不會刺刺的，
放在包包裡也不會勾到耳機線什麼的，非常好用。

🔘 **紙型**（不含 1 公分縫份）

● 將 A4 長邊、短邊各對摺一次，也就是四分之一 A4 大小，約 10.5x15 公分。

STEP BY STEP

製作步驟

1. 依照紙型大小剪下表布、裡布及單膠鋪棉，表布、裡布需多留 1 公分縫份。

2. 將 2 份表布接合，完成後需同紙型大小，接合處可加上蕾絲裝飾。然後在表布背面燙上單膠鋪棉。

3. 先在裡布兩側中央縫上銅釦或魔鬼粘，然後將表布、裡布正面相對，並將 4 公分長的棉帶對摺後，插入左上角距布緣 3 公分處（棉帶底端朝上），再以回針縫縫合四邊，記得留返口。

4. 修剪餘布和四角，然後從返口翻回正面、熨燙平整，並以藏針縫縫合返口，最後在棉帶上裝上銅鑰匙圈。

● **材料**（布料大小請參考紙型）

- 表布：素麻布（1 份，三分之一紙型大小）、藍色條紋先染布（1 份，三分之二紙型大小）
- 裡布：小碎花布（1 份）
- 鋪棉：單膠鋪棉（1 份）
- 配件：棉帶 1 條（1x4 公分）、銅鑰匙圈 1 個、小銅釦 1 組（或魔鬼粘）

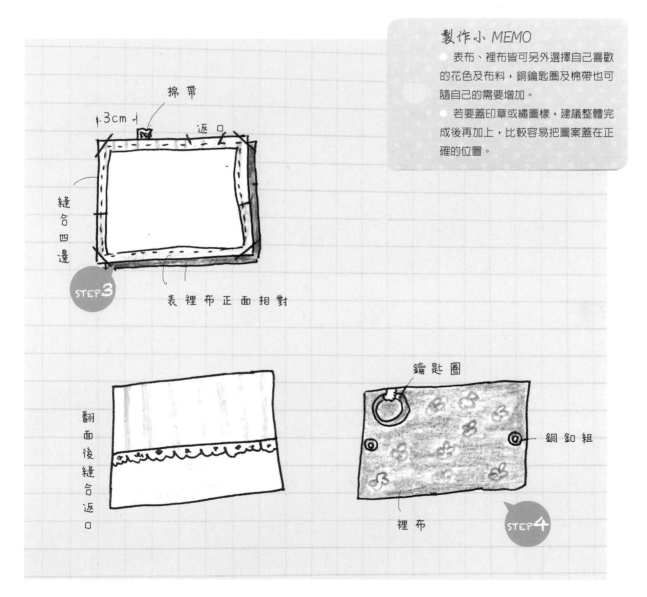

製作小 *MEMO*

◎ 表布、裡布皆可另外選擇自己喜歡的花色及布料，銅鑰匙圈及棉帶也可隨自己的需要增加。

◎ 若要蓋印章或繡圖樣，建議整體完成後再加上，比較容易把圖案蓋在正確的位置。

棉帶

3cm

返口

縫合四邊

STEP 3

表裡布正面相對

翻面後縫合返口

鑰匙圈

銅釦組

裡布

STEP 4

不思議！一張 A4 紙、簡單 4 步驟，輕鬆做出布雜貨

NO. 2 HANDMADE LIFE

抽拉式棉麻 貝殼釦鑰匙包

輕輕一拉，就可以把鑰匙拿出來，開完門，再拉一下尾端的小棉帶，鑰匙就會像蝸牛一樣安安靜靜地躲回棉布巢穴裡。

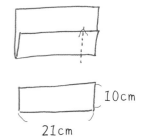

● **紙型**（不含1公分縫份）
● 將 A4 紙沿長邊摺成三等份，也就是三分之一 A4 大小，約 21x10 公分。

10cm

21cm

STEP BY STEP

製作步驟

1. 先依照紙型剪下裡布和單膠鋪棉，裡布需多留1公分縫份。接下來將紙型摺成四等份。按照四分之一的大小，裁剪2份先染布，再按照四分之二的大小裁剪素麻布，記得多留1公分縫份。

2. 將表布接合（如圖），完成後與紙型大小相同即可。接著在表布正面縫上蕾絲及貝殼釦裝飾，並在背面燙上單膠鋪棉。

3. 將表布、裡布正面相對，以回針縫縫合，記得留返口。縫好後，修剪餘布和四角，然後翻回正面、熨燙平整，再以藏針縫縫合返口。

4. 將布料對摺（裡布向內），用錐子在中央打2個洞，穿入銅鏈，再將布料兩側（長邊）以藏針縫接合。最後在銅鏈外露的一端接上棉帶（或木珠），位在袋內的一端則加裝銅鑰匙圈。

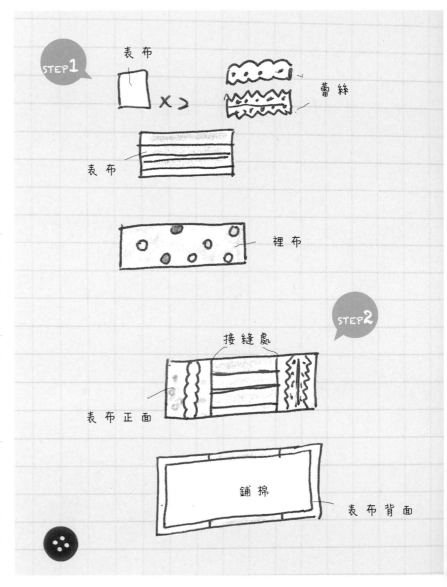

STEP 1　表布　蕾絲

表布

裡布

STEP 2　接縫處

表布正面

鋪棉　表布背面

材料（布料大小請參考紙型）

- 表布：素麻布（1 份）、先染布（2 份，不同花色或同花色皆可）
- 裡布：小碎花布（1 份）
- 鋪棉：單膠鋪棉（1 份）
- 配件：蕾絲、銅鑰匙圈 1 個、貝殼釦 2 顆、銅鏈 1 條（14 公分）、棉帶（或木珠）

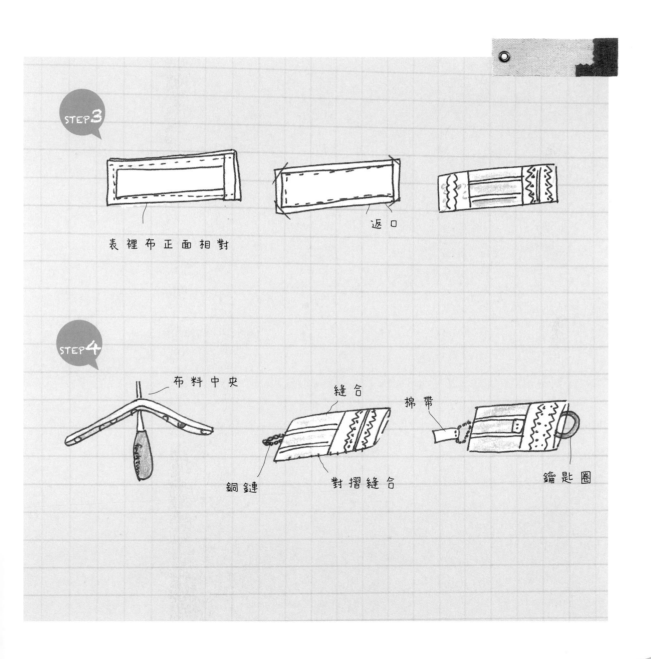

STEP 3

表裡布正面相對

返口

STEP 4

布料中央

縫合

棉帶

銅鏈

對摺縫合

鑰匙圈

NO. 3　HANDMADE LIFE

藍色水玉
點點束口袋

可以放耳環、口紅，或者幾顆小糖果，放一些自
己喜歡的小東西，或者一把鎖住祕密的小鑰匙。

PREPARATIVE

❖ **紙型**（不含1公分縫份）
● 將A4紙沿長邊對摺，也就是二分之一A4大小，
約 21x15 公分。

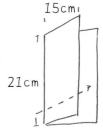

15cm

21cm

STEP BY STEP

製作步驟

1. 將紙型摺成三等份。以三分之一大小剪裁2份淡藍水玉布，再剪裁1份素麻布，皆多留1公分縫份。接著將3份表布以水玉布、素麻布、水玉布的順序接合，完成後要與紙型大小相同。

2. 先做袋口：在布料兩端（短邊）、往內4公分處剪一道1公分的開口。將剪開的部分內摺固定。接著將這4公分寬的布摺三摺，以平針縫固定，記得兩端留開口（大於1公分），之後要穿入棉帶。縫完後，在表布正面用蕾絲裝飾。

3. 將表布對摺，正面朝內，以回針縫縫合兩側。然後將袋角捏起一個等腰三角形（底邊約3公分），以回針縫固定三角形的底邊，然後剪掉多餘布料。另一端也以相同方法處理後，翻回正面。

4. 在袋口穿入2條棉帶。1條左進左出，1條右進右出，最後分別在2條棉帶尾端裝上木珠固定。

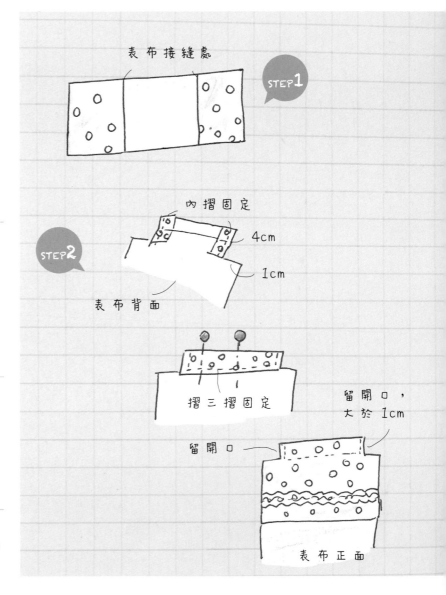

表布接縫處

STEP 1

內摺固定

STEP 2

4cm

1cm

表布背面

摺三摺固定

留開口，大於1cm

留開口

表布正面

- 表布：素麻布（1 份）、白色點點淡藍水玉布（2 份）
- 配件：棉帶 2 條（1x30 公分）、木珠 2 顆、蕾絲

不思議！一張 A4 紙、簡單 4 步驟，輕鬆做出布雜貨

21

小椅子
零錢包

喜歡圓圓的零錢包、喜歡刺繡，但沒耐心，
那就繡一把小椅子吧！簡簡單單。

● **紙型**（不含 1 公分縫份）

● 用直徑 8 公分的馬克杯在 A4 紙上畫出一個圓，裁下即可。你也可以自由選擇馬克杯的大小，但不建議小於 8 公分。

STEP BY STEP

製作步驟

1. 依照紙型剪下表布、裡布和單膠鋪棉各 2 份。表布與裡布記得多留 1 公分縫份。接著在表布背面燙上單膠鋪棉。

2. 將表布、裡布正面相對，以回針縫縫合，並留返口。縫完後，修剪餘布，並每隔 1 公分剪個牙口，然後翻回正面、熨燙平整，再以藏針縫縫合返口。如此做出 2 個圓形布片。

3. 先將 3x16 公分的綠底白點水玉棉布的兩端（短邊）收邊，再把其中一端與拉鏈接在一起。然後將 2 個圓形布片的表布相對，與拉鏈和綠底白點水玉棉布以回針縫接合，並翻面。最後接合拉鏈與棉布。建議將 1x3 公分的棉帶對摺，夾入拉鏈與棉布的接合處，一起以半回針縫固定。

4. 在一面表布繡上小椅子，另一面蓋上自己刻的橡皮章，再熨燙一遍固定顏色即完成。

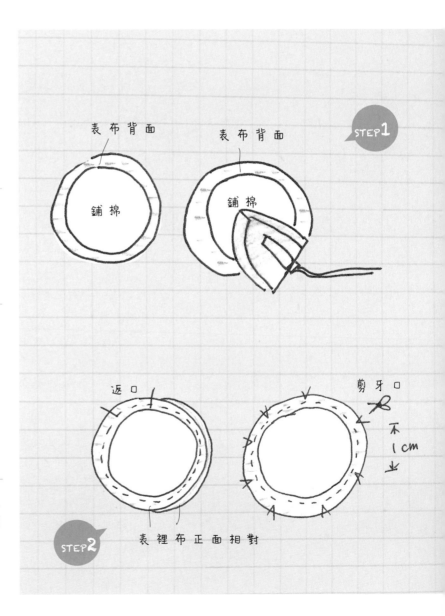

材料（布料大小請參考紙型）

- 表布：細彩條先染布（2 份）
- 裡布：素麻布（2 份）
- 鋪棉：單膠鋪棉（2 份）
- 配件：綠底白點水玉棉布 1 條（3x16 公分）、拉鏈 1 條（3x35 公分）、棉帶 1 條（1x3 公分）

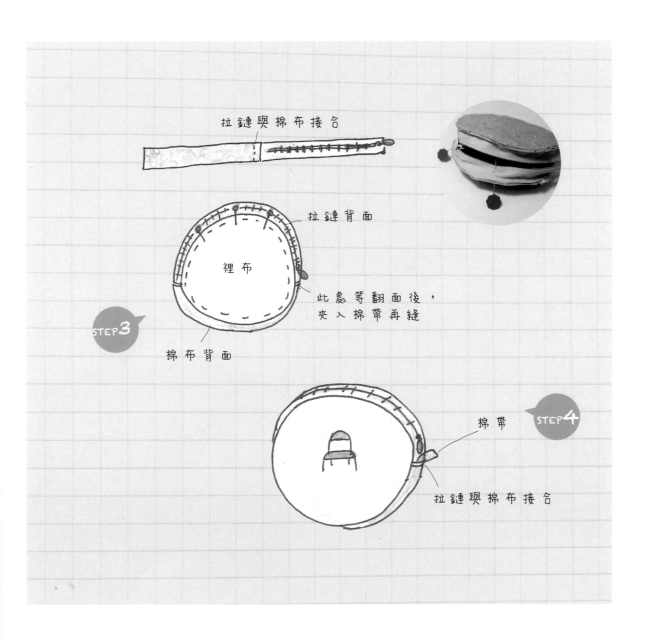

拉鏈與棉布接合

拉鏈背面

裡布

此處等翻面後，
夾入棉帶再縫

棉布背面

STEP3

棉帶

STEP4

拉鏈與棉布接合

NO. 5　HANDMADE LIFE

基本款素麻
面紙包

只要用簡單的麻布和蕾絲，一小時之內
即可完成這個面紙包！

PREPARATIVE

紙型（不含1公分縫份）
● 拿一包市售的隨身攜帶式面紙，在 A4 紙上裁出所需的大小，包覆面紙的兩端約交疊1.5公分。

STEP BY STEP

製作步驟

1. 按照紙型剪裁表布，並留1公分縫份。接著在表布正面縫上蕾絲，並將左右兩端收邊。

2. 將布料兩側往內摺（正面朝內），約交疊1.5公分。先將交疊處的頭尾兩端稍做固定，讓開口變小，但不要小於 6 公分。然後以回針縫縫合上下兩側，並修剪餘布和四角。最後翻回正面、熨燙平整即完成。

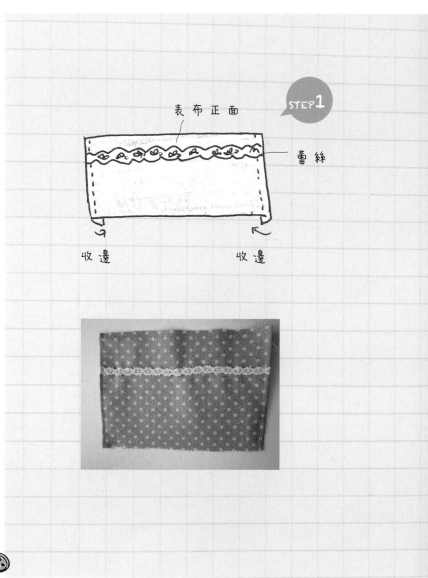

表布正面

蕾絲

STEP**1**

收邊　　　　　　　收邊

材料（布料大小請參考紙型）
- 表布：暗粉色水玉點點素麻布（1 份）
- 配件：蕾絲

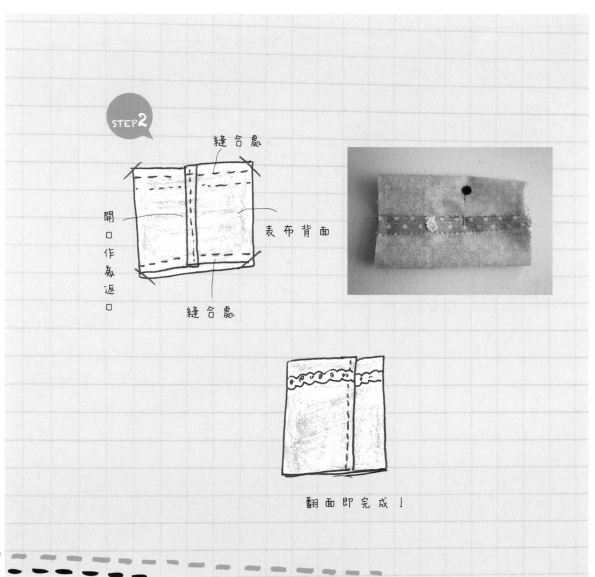

STEP2

縫合處

開口作為返口

表布背面

縫合處

翻面即完成！

NO. **6** HANDMADE LIFE

[簡單生活，
環保筷收納袋]

買來的栗木刀叉，或是油畫課用的畫筆，都需要
一個小袋子來收納。選兩三塊布、一段小皮繩，
在寧靜的週末午後，動手做個簡簡單單的環保餐
具收納袋吧！

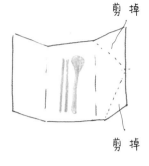

剪掉

剪掉

⊕ **紙型**（不含1公分縫份）

● 將 A4 紙沿短邊摺成三等份，約可包住一
副筷子及湯匙的大小。接著在最右邊畫出
等腰三角形，並剪掉上下斜角。

STEP BY STEP

製作步驟

1. 按照紙型剪裁表布及裡布，並留1公
分縫份。接著將表布和裡布正面相對，
並把皮繩穿進直徑1公分的木珠，然
後打結，夾在表布和裡布之間。

2. 將表布、裡布以回針縫縫合，預留約
4公分返口。縫完後，修剪邊角，翻
回正面，以藏針縫縫合返口，再用蕾
絲裝飾袋口（表布上）。

3. 將布料摺成三等份（同紙型摺法），
並用熨斗燙一下，壓出摺線。最後將
兩側以平針縫縫合，即完成。

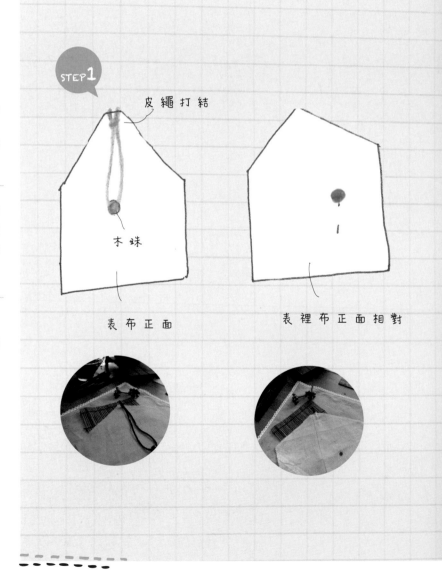

STEP **1**

皮繩打結

木珠

表布正面

表裡布正面相對

材料（布料大小請參考紙型）

● 表布：棕色草葉薄棉布（1 份）
● 裡布：素麻布（1 份）
● 配件：木珠 1 顆、皮繩 1 條（40 公分）、蕾絲

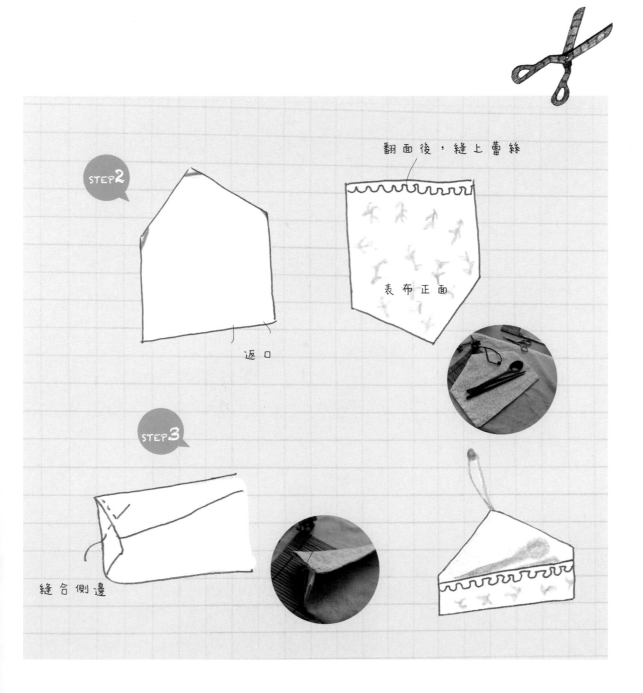

STEP2

返口

翻面後，縫上蕾絲

表布正面

STEP3

縫合側邊

NO. **7** HANDMADE LIFE

[深棕色先染布
銅釦棉棉包]

如果可以有個小方包，放得下棉棉和衛生紙，看起來可愛，拎在手上也不會突兀，又有掛繩可以掛在廁所把手上，那就很方便了。

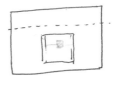

PREPARATIVE

紙型（不含1公分縫份）

● 參照常用的衛生棉，將A4紙摺成約能包覆2塊衛生棉的大小，並多留一段當作蓋子，多餘的部分裁掉。

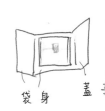

袋身　蓋子

STEP BY STEP

製作步驟

1. 先按照紙型剪裁裡布，並留1公分縫份。接著將紙型摺成四等份來剪裁表布，四分之一大小為棕色條紋先染布（蓋子）、四分之三大小為素麻布（袋身），皆留1公分縫份。然後將2份表布接合，完成後需與裡布相同大小。

2. 先將表布、裡布的右側（短邊，非蓋子的那側）收邊，再將表布、裡布分別按照紙型摺出袋身和蓋子（正面朝內），用熨斗燙一下，固定摺線。然後將摺好的表布、裡布正面相對，並把8公分的蠟繩對摺、打結，夾在表布和裡布之間，約袋蓋中央的位置，結外露；16公分的蠟繩則對摺、打結，夾在袋身側邊，結在內，最後用珠針固定位置。

3. 將三個邊（袋身兩側及袋蓋）以回針縫縫合，然後修剪邊角，並翻面。此步驟需翻面兩次，讓表布朝外，袋內則有兩個口袋。

4. 確認蓋子上的蠟繩落點，並於袋身上縫上銅釦，最後用蕾絲裝飾袋口就完成了！

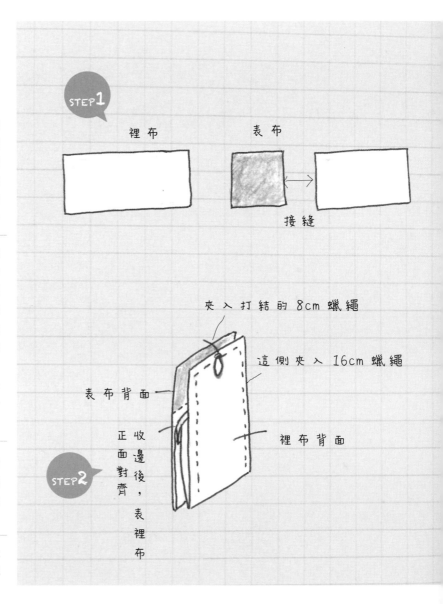

STEP1

裡布　　表布

接縫

夾入打結的8cm蠟繩

這側夾入16cm蠟繩

表布背面

裡布背面

正面對齊　收邊後，表裡布

STEP2

材料（布料大小請參考紙型）

● 表布：素麻布（1 份）、棕色條紋先染布（1 份）
● 裡布：素麻布（1 份）
● 配件：棕色蠟繩 2 條（16 公分、8 公分各一）、小銅釦 1 顆、蕾絲

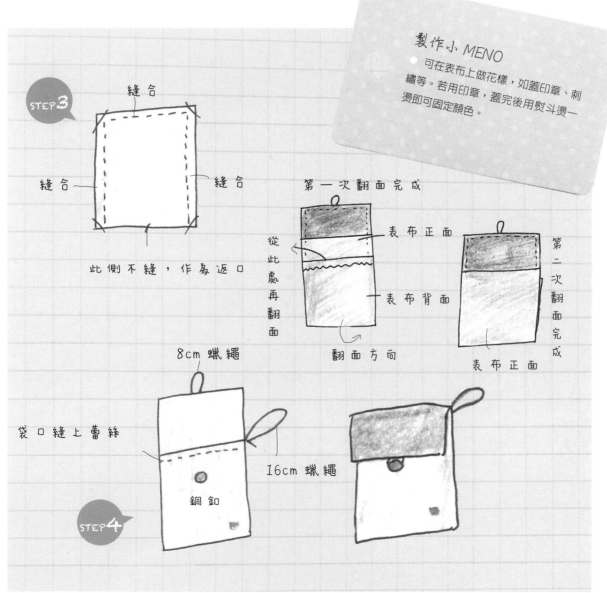

STEP**3**

縫合

縫合　　　　縫合

此側不縫，作為返口

第一次翻面完成

從此處再翻面

表布正面

表布背面

翻面方向

第二次翻面完成

表布正面

8cm 蠟繩

袋口縫上蕾絲

16cm 蠟繩

銅釦

STEP**4**

製作小 MEMO

可在表布上做花樣，如蓋印章、刺繡等。若用印章，蓋完後用熨斗燙一燙即可固定顏色。

不思議！一張 A4 紙、簡單 4 步驟，輕鬆做出布雜貨

NO. 8　HANDMADE LIFE

藍色先染布
拉鏈筆袋

形狀可大可小、可寬可窄；裝筆也好、裝化妝品也好，想
裝什麼就裝什麼，製作方法簡單又隨意，輕輕鬆鬆就可做
出屬於自己風格的筆袋！

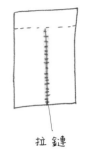

紙型（不含1公分縫份）
● 按照準備拉鏈的長度裁剪A4紙，長度可自由選擇；寬度則與A4紙同樣（21公分）。

拉鏈

STEP BY STEP
製作步驟

1. 按照紙型剪裁裡布，並留1公分縫份。表布則按照個人喜好決定藍色先染布和素麻布的比例，並以回針縫接合，接合後需與裡布相同大小。

2. 將表布、裡布以背面相疊，並分別將其中一側長邊的縫份內摺，把拉鏈的一側夾其中，以半回針縫固定，注意拉鏈的正面要與表布正面在同一側。另一側長邊也以相同方式固定於拉鏈的另一側，注意拉鏈左右兩側的表、裡布需對稱，不可歪斜，且表布要向內。最後將兩側短邊以回針縫縫合。

3. 在四個袋角捏出等腰三角形，並以回針縫固定三角形底邊，然後修掉餘角。最後將布料翻面，在拉鏈頭尾底端用平針縫縫一條線當裝飾。

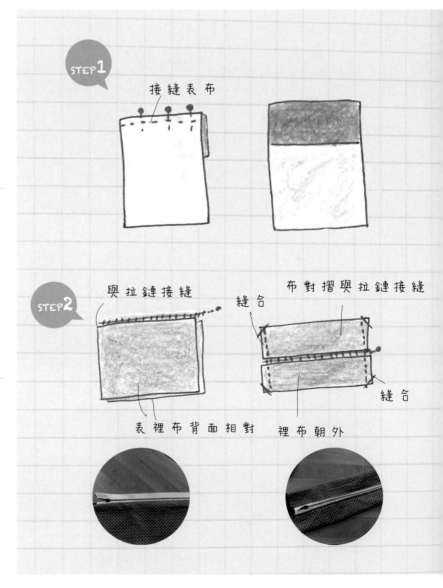

STEP 1

接縫表布

STEP 2

與拉鏈接縫　　縫合　　布對摺與拉鏈接縫

表裡布背面相對　　裡布朝外

縫合

材料（布料大小請參考紙型）
- 表布：藍色先染布、素麻布（各1份）
- 裡布：藍底小碎花布（1份）
- 配件：銅拉鏈1條（22公分）

製作小 MEMO
- 步驟3在袋角捏的等腰三角形可大可小，越小筆袋越扁平，越大則越厚。

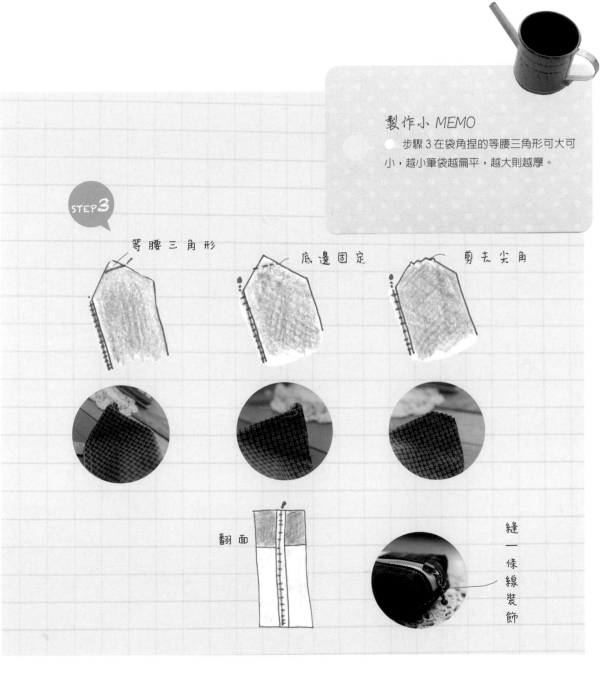

STEP 3

等腰三角形　　底邊固定　　剪去尖角

翻面　　縫一條線裝飾

NO. 9 HANDMADE LIFE

方形細紋化妝包

選擇自己喜歡的布料，做個簡單素雅的袋子，把眼影、
口紅、粉餅和刷子都放進去，不但出門在外好收納，連
化起妝來也有好心情！

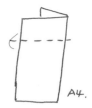

紙型（不含1公分縫份）

● 將 A4 紙長邊、短邊各對摺一次，也就是四分之一 A4 大小，約 10.5x15 公分。

A4.

STEP BY STEP
製作步驟

1. 按照紙型大小剪裁表布、裡布、內袋和單膠鋪棉，表布、裡布、內袋皆需留1公分縫份。接著在2份表布背面燙上單膠鋪棉，並把1份表布與1份裡布正面相對，以回針縫縫合，預留返口。縫完、修剪邊角後翻面，再以藏針縫縫合返口。

2. 在另一塊裡布上縫上內袋。首先將內袋的其中一側長邊內摺1公分，摺兩次，以平針縫固定，然後將內袋背面與裡布正面相疊，底部對齊，用珠針固定。接著把另一塊表布以正面疊上來，用回針縫縫合四邊，預留返口。縫完、修剪邊角後翻面，再以藏針縫縫合返口。

3. 分別將同花色的邊布正面相對，以回針縫縫合，預留返口。縫完、修剪邊角後翻面，以藏針縫縫合返口。如此做出2個長條形布塊。接著在素麻布的長條形布塊中央，剪一條20公分的開口，兩端剪成 Y 字型，接著將拉鏈夾入上下兩塊布中間。剪開的布緣請內摺一些，再與拉鏈縫在一起。最後把兩塊邊布的一端接縫在一起。

4. 將以上步驟完成的4個布塊背面相對，組合成袋狀（如圖示），先用珠針固定位置，再以平針縫縫合。若邊布有多出就修剪掉、收邊，再以平針縫接合。最後在表布上縫蕾絲裝飾。

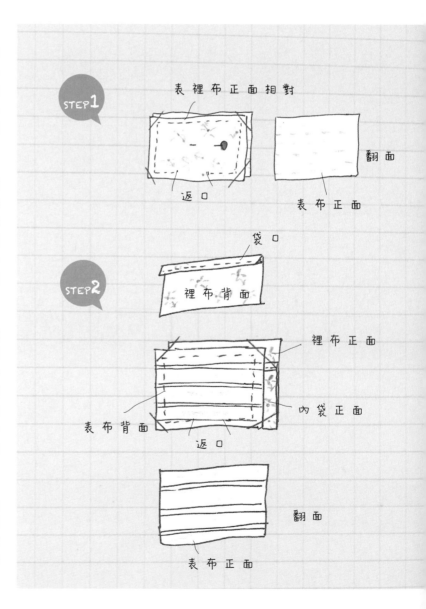

STEP1 表裡布正面相對

返口　　　翻面　　表布正面

STEP2 袋口　　裡布背面

裡布正面

內袋正面

表布背面　　返口

翻面　　表布正面

材料（布料大小請參考紙型）

- 表布：素麻布、淺棕色條紋先染布（各1份）
- 裡布：小碎花布（2份）
- 鋪棉：單膠鋪棉（2份）
- 內袋：小碎花布（1份）
- 邊布：素麻布、淺棕色條紋先染布（4.5x32公分，各2條）
- 配件：銅拉鏈1條（20公分）、蕾絲

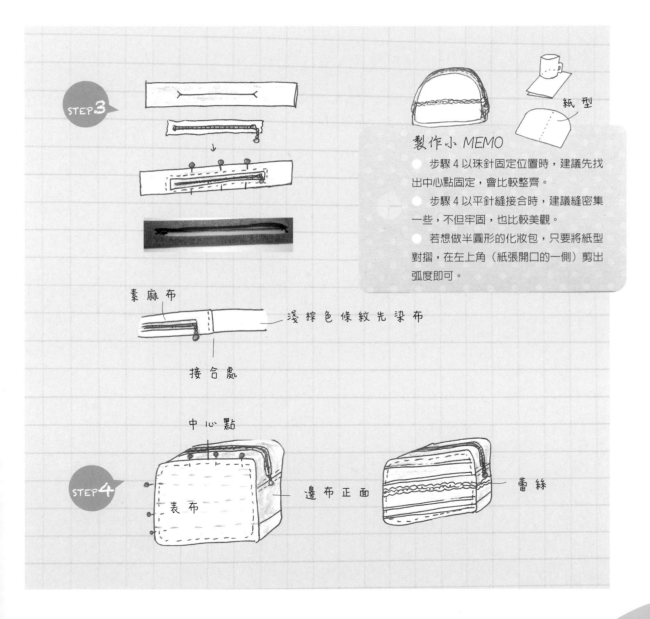

STEP **3**

製作小 MEMO

- 步驟4以珠針固定位置時，建議先找出中心點固定，會比較整齊。
- 步驟4以平針縫接合時，建議縫密集一些，不但牢固，也比較美觀。
- 若想做半圓形的化妝包，只要將紙型對摺，在左上角（紙張開口的一側）剪出弧度即可。

紙型

素麻布

淺棕色條紋先染布

接合處

中心點

STEP **4**

表布

邊布正面

蕾絲

不思議！一張A4紙、簡單4步驟，輕鬆做出布雜貨

簡單素麻風
彈片口金包

簡簡單單的素麻布，配上蕾絲，或者星星小貝殼
釦，就是一幅放在掌心的美麗風景。

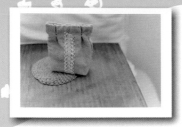

PREPARATIVE

❖ **紙型**（不含 1 公分縫份）

● 將 A4 紙沿短邊對摺後，即為表布紙型（約 10.5x30 公分）；裁掉 5 公分長度則為裡布紙型（約 10.5x25 公分）。

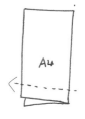

STEP BY STEP

製作步驟

1. 按照紙型剪裁表布、裡布，並留 1 公分縫份。接著將表布左右兩側（短邊）收邊，並在四個角落往內 5 公分處剪 1 公分的開口，並把剪開的布往內摺，以平針縫固定。最後將這 5 公分寬的短邊對摺，以平針縫固定，中間留下足以放下彈片口金的空隙。

2. 將表布對摺，一側正面縫上寬蕾絲裝飾，另一側正面則縫上貝殼鈕和細蕾絲裝飾（裝飾方法可依個人喜好變化）。接著將表布反摺，正面朝內，兩側以回針縫縫合。縫完後在袋底兩角捏出等腰三角形，用回針縫固定三角形底邊（約 3 公分長），並剪去多餘尖角。

3. 將裡布兩側短邊收邊後對摺（正面朝內），以回針縫縫合兩側，留下袋口不縫。然後在袋底兩角捏出等腰三角形，用回針縫固定三角形底邊（約 3 公分長），並剪去多餘尖角，再從袋口翻面，套到表布（背面朝外）上，以藏針縫縫合表布和裡布的袋口，最後翻面。

4. 用尖嘴鉗打開彈片口金的一端，把口金插入袋口預留的空間，重新固定好，再將袋口兩端的布縫合。

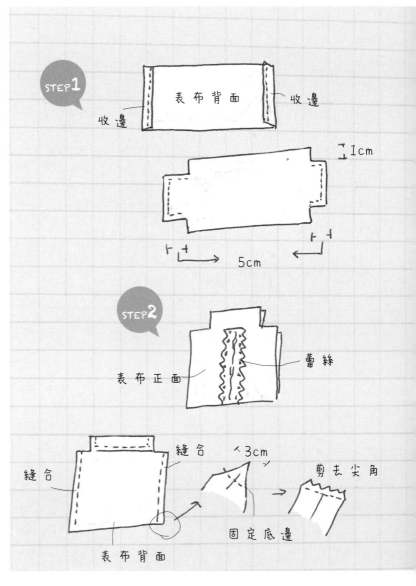

材料（布料大小請參考紙型）

● 表布：素麻布（1 份）
● 裡布：綠色棉布（1 份）
● 配件：彈片口金 1 條（長約 8 公分、寬約 2 公分）、蕾絲 2 條（寬、細各 1 條）、星星貝殼釦 1 顆

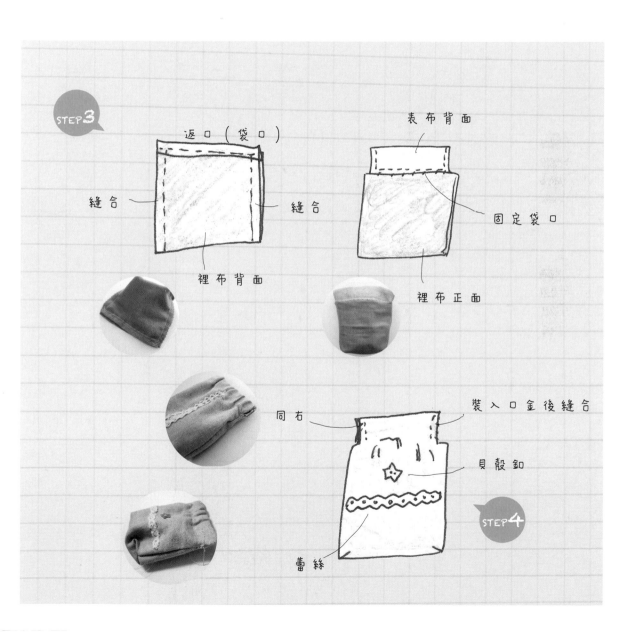

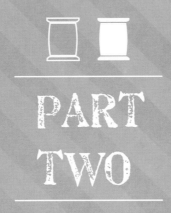

PART
TWO

大包小包也有型

專為出門東西總是很多的你所設計，從此不用擔心出門拎著一堆紙袋、塑膠袋，遇到下雨顯得狼狽不堪；或是愛用的大包包找不到可以與它匹配的小包包。只要用點小心思、做些小設計，多拿幾個包也可以很有型！

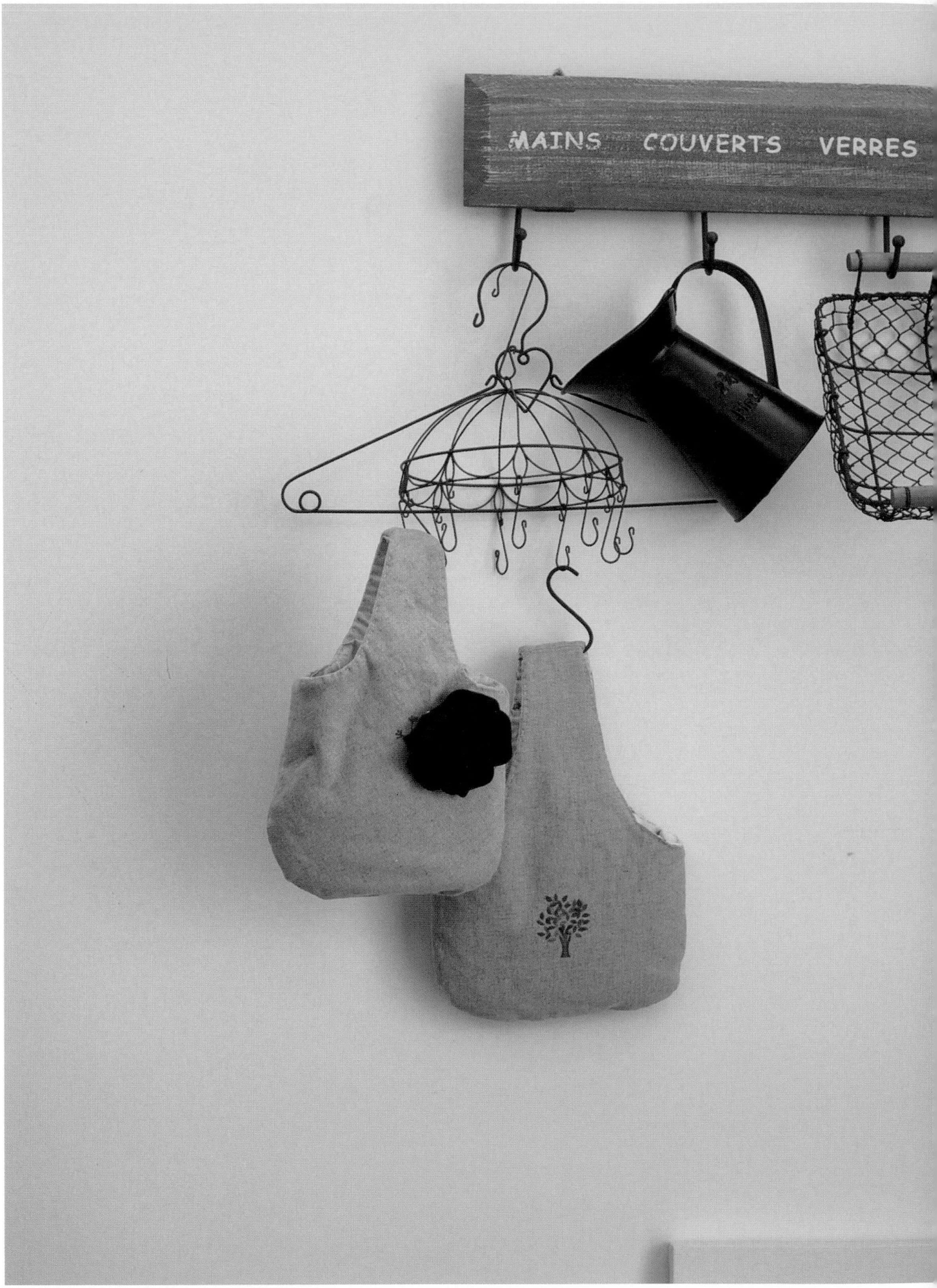
MAINS COUVERTS VERRES

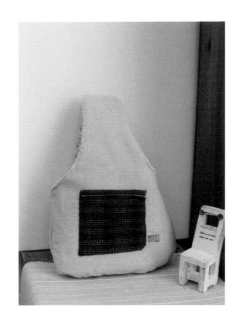

［ 超簡單素麻 ］
小丸包

每天中午出去吃午餐，或者想去超商買點飲料零食時，
總是要抓著鑰匙、手機、錢包在手上，好麻煩，如果有
個剛好可以裝下這些零碎小物的包包該多好。

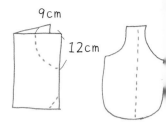

PREPARATIVE

❖ 紙型（不含 1 公分縫份）

● 將 A4 紙沿短邊對摺，於右上角（紙張開口的那側）剪去一塊弧形（建議上緣 9 公分，右緣 12 公分），右下角則依個人喜好剪成圓弧狀，展開後便是紙型。

9cm

12cm

STEP BY STEP
製作步驟

1. 依照紙型剪裁表布、裡布、內袋及外袋，皆需多留 1 公分縫份。接著縫製口袋。將外袋的上緣內摺 0.5 公分、摺兩次，以平針縫固定，當作袋口。其餘三邊的縫份反摺，熨燙固定，再以平針縫縫在 1 份表布的正面中央。內袋也以相同步驟縫於 1 份裡布正面。

2. 將 2 份表布正面相對，除把手兩側的弧線外，其餘皆以回針縫縫合，尤其把手頂端要加強縫合。縫完後將把手頂端的縫份往兩側攤平，熨燙固定。2 份裡布也以相同步驟縫合。

3. 將表布修剪邊角後翻面，再把裡布套進表布中，背面相對（裡布不翻面），對齊平整，然後將把手兩側弧線的縫份反摺、對齊，以半回針縫縫合。把手頂端也以半回針縫再縫一遍，加強牢固。

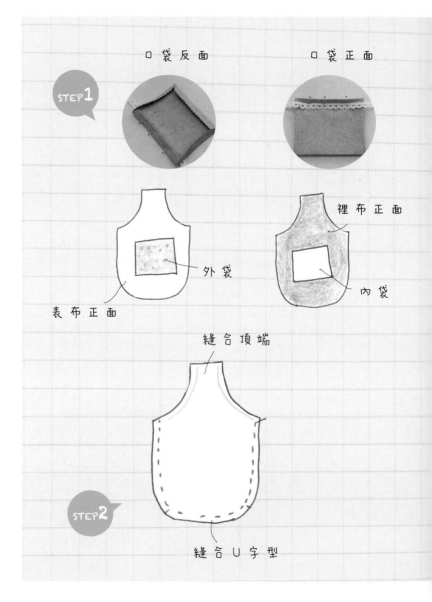

口袋反面　　　　口袋正面

STEP1

裡布正面

外袋

表布正面

內袋

縫合頂端

STEP2

縫合 U 字型

材料（布料大小請參考紙型）

- 表布：素麻布（2 份）
- 裡布：淺米色小碎花棉布（2 份）
- 內袋：深咖啡條紋先染布（約 14x14 公分）
- 外袋：深藍色條紋先染布（約 10x10 公分）

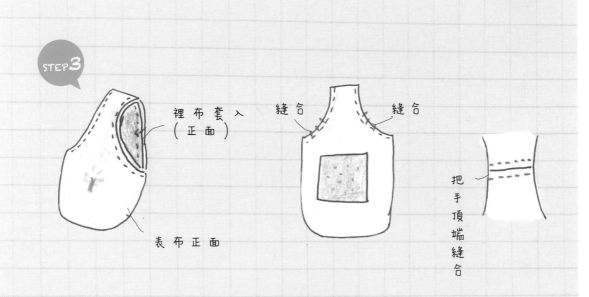

STEP**3**

裡布套入
（正面）

縫合　　　縫合

表布正面

把手頂端縫合

製作小 MEMO

- 需要對齊縫合的部分，建議先用珠針固定位置再縫，比較不會歪掉。
- 步驟 3 縫合把手兩側弧線時，若是不喜歡縫線外露，可改用藏針縫。
- 內、外袋的袋口可依個人喜好加縫蕾絲裝飾，小丸包上也可以做花樣，蓋印章或繡圖樣都好。若是蓋印章，記得蓋上後，用熨斗燙一下固定顏色。

[暗粉色 水玉點點小提包]

簡單的暗粉色水玉素麻布，小小的提把，組成可愛的小提包，可以簡簡單單穿著森林系女孩的連衣裙，裝進鑰匙、零錢包、手機、筆記本，出門閒晃去。

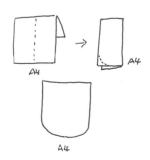

⊙ **紙型**（不含 1 公分縫份）

● 將 A4 紙沿長邊裁掉三分之一，剩下約 21x20 公分後對摺，再將左下角修剪成圓弧狀，即為紙型。

STEP BY STEP
製作步驟

1. 依照紙型剪裁表、裡布，並多留 1 公分縫份。接著在表布背面、兩個底端約 1 公分處，各畫一個 4 公分的倒 V 字，然後沿 V 字捏起尖角，以回針縫固定，再用熨斗燙平。裡布也以相同方式處理。接著在 1 份表布正面縫上外袋、1 份裡布正面縫上內袋，袋口可用蕾絲裝飾。

2. 將 5x40 公分的素麻布兩邊（長邊）內摺，變成 3x40 公分。接著把 2x40 公分的編織麻繩重疊上去，正好遮住內摺的麻布邊，然後用珠針固定，以半回針縫縫合，最後將兩端收邊。如此完成 2 條提帶。

3. 分別將 2 份裡布上緣收邊，接著在上緣中央、距離布緣 1 公分處縫上銅磁釦組。接著將裡布正面相對，沿著 U 型弧線以回針縫縫合，最後修剪餘布和四角，並剪牙口。2 份表布也以相同的步驟處理，但不需縫銅磁釦。

4. 將表布翻回正面、熨燙平整，套到沒翻面的裡布上，對齊平整，然後將 2 條提帶夾入表、裡布之間，位置適當即可，並用珠針固定。最後以半回針縫縫合提包口即完成。

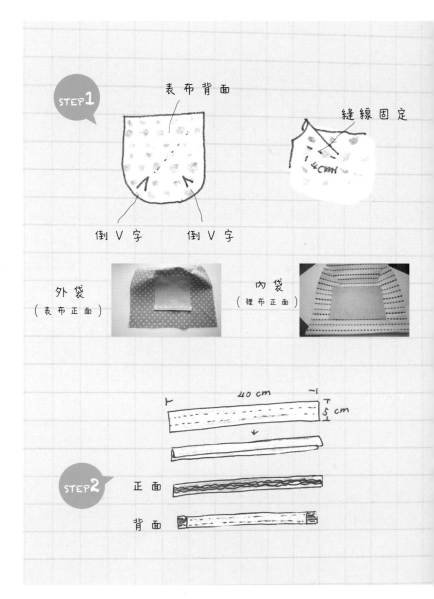

材料（布料大小請參考紙型）

● 表布：暗粉色水玉點點麻布（2 份）

● 裡布：彩色點點小棉布（2 份）

● 內、外袋：素麻布（2 份，12x12 公分，不含縫份）

● 配件：蕾絲、銅磁釦 1 組、素麻布 2 條（5x40 公分）、編織麻繩 2 條（2x40 公分）

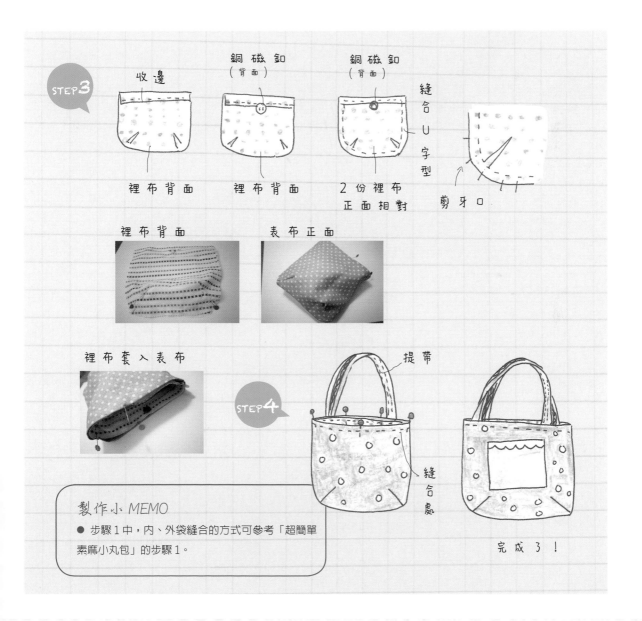

STEP.3

收邊

銅磁釦（背面）

銅磁釦（背面）

縫合 U 字型

裡布背面

裡布背面

2 份裡布正面相對

剪牙口

裡布背面

表布正面

裡布套入表布

STEP.4

提帶

縫合處

製作小 MEMO

● 步驟 1 中，內、外袋縫合的方式可參考「超簡單素麻小丸包」的步驟 1。

完成了！

NO. **3** HANDMADE LIFE

點點帆布側背包

用一張 A4 紙當紙型做出來的帆布側背包，剛好可以放下 B5 的雜誌或者 iPad，就背著它，在晴朗的午後找間咖啡館坐下來，度過悠閒時光吧。

🔘 **紙型**（不含1公分縫份）
● 同 A4 紙大小，約 21x30 公分。

STEP BY STEP
製作步驟

1. 依照紙型剪下表、裡布及內、外袋，皆多留1公分縫份。接著在1份表布及裡布的正面縫上外袋與內袋，袋口可用蕾絲裝飾。另1份表布正面則以棕色羊毛戳成的三個圓形裝飾。

2. 將8x64公分的灰色細牛仔布兩邊（長邊）內摺，變成4x64公分。接著把2x64公分的米色帆布重疊上去，正好遮住內摺的牛仔布邊，並用珠針固定，以半回針縫縫合，之後再將左右兩端收邊。如此完成2條提帶後，將它們分別縫到2塊表布的正面，位在上緣中央，建議提帶兩端相隔15公分。重疊處（建議9公分）以半回針縫、做凵字型縫合。

3. 將裡布、表布以下列順序接合：裡布（上緣）→表布（上緣、下緣）→表布（下緣、上緣）→裡布（上緣）。縫完後對摺，正面朝內，以回針縫縫合三邊，並在裡布留10公分返口。

4. 在四個尖角捏出等腰三角形，並以回針縫固定三角形底邊（約3公分），然後剪掉多餘尖角，再將布料翻回正面，以藏針縫縫合返口、熨燙平整，最後將裡布塞入表布就完成了。

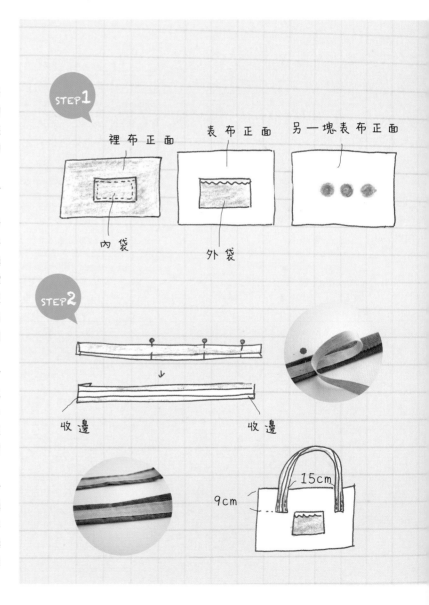

材料（布料大小請參考紙型）
- 表布：米色帆布（2 份）
- 裡布：灰色細牛仔布（2 份）
- 內、外袋：灰色細牛仔布（約 11.5x10.5 公分，各 1 份）
- 配件：灰色細牛仔布 2 條（8x64 公分）、米色帆布 2 條（2x64 公分）、棕色羊毛少許、蕾絲

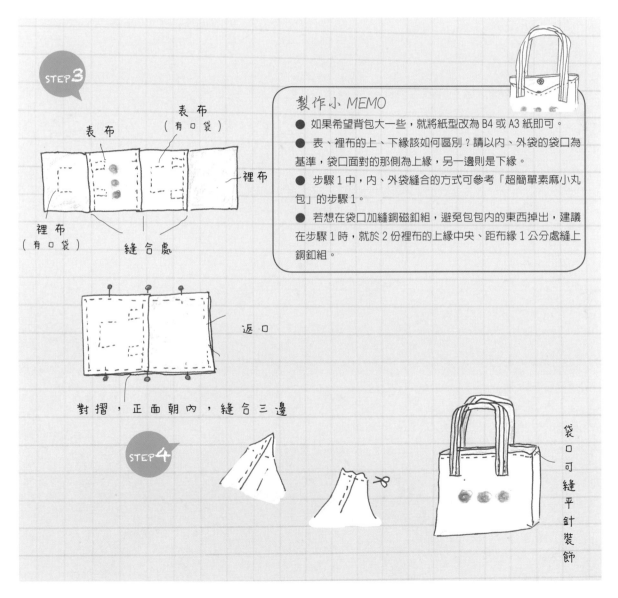

STEP 3

表 布
表 布
（有口袋）
裡 布
裡 布
（有口袋）
縫合處

製作小 MEMO
- 如果希望背包大一些，就將紙型改為 B4 或 A3 紙即可。
- 表、裡布的上、下緣該如何區別？請以內、外袋的袋口為基準，袋口面對的那側為上緣，另一邊則是下緣。
- 步驟 1 中，內、外袋縫合的方式可參考「超簡單素麻小丸包」的步驟 1。
- 若想在袋口加縫銅磁鈕組，避免包包內的東西掉出，建議在步驟 1 時，就於 2 份裡布的上緣中央、距布緣 1 公分處縫上銅鈕組。

返口

對摺，正面朝內，縫合三邊

STEP 4

袋口可縫平針裝飾

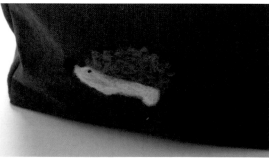

NO. 4 HANDMADE LIFE

［ 小刺蝟防水便當袋 ］

利用羊毛氈小刺蝟模，在便當袋上戳出一個小刺蝟，
裝著愛心便當，去上班吧！

PREPARATIVE

🔘 **紙型**（不含 1 公分縫份）
不需紙型，請按照下列公分數剪裁布料：
- 表、裡布：A. 20x52 公分、B. 21x10 公分
- 口布：30x15 公分
- 提帶：35x12 公分

STEP BY STEP
製作步驟

1. 依照上述尺寸及份數剪下表、裡布和內袋、提帶與單膠鋪棉、硬襯。表、裡布及內袋、提帶皆需多留 1 公分縫份。然後在表布 A、裡布 A 的背面正中央，也就是袋底的部分，燙上單膠硬襯。

2. 在裡布正面縫上餐具固定帶：首先將 7.5x6 公分的淺米色先染布四邊收邊，接著把左右兩側以半回針縫固定在裡布正面，距右緣 5 公分、上緣 7 公分的位置。最後在淺米色先染布的正中央多縫一條線固定，如此便可插入兩種餐具。

3. 在表布 A 正面的一側用三色羊毛及羊毛氈模型戳出刺蝟，另一側則戳花草。然後將表布 A 與 B 正面相對，以回針縫接合成盒子狀（如圖示），袋口的縫份內摺收邊，完成後翻面。裡布也重複相同步驟，但不用加圖案。

4. 在提帶背面中央燙上單膠鋪棉，再將長邊收邊後內摺，包住鋪棉，並以半回針縫固定。如此做出 2 條提帶。

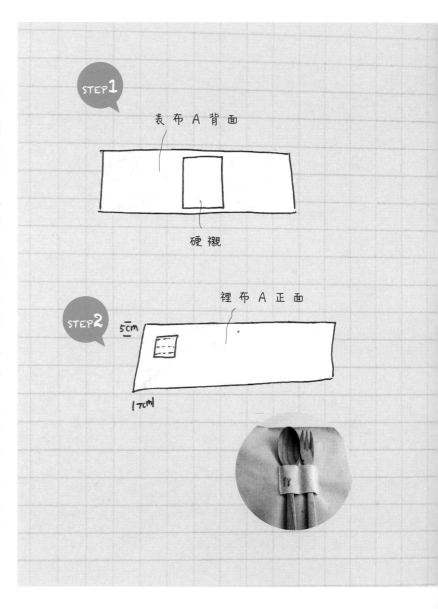

材料（布料大小請參考紙型）

● 表布：深棕色棉布（1份A、2份B）
● 裡布：淺米色防水布（1份A、2份B）
● 口布：米白素棉布（2份）
● 提帶：深棕色棉布（2份）

● 鋪棉：單膠硬襯2份（10x20公分）、單膠鋪棉2份（35x3公分）
● 配件：米色、黑色和摩卡色羊毛少許、羊毛氈模型（日本Clover 58-538）、淺米色先染布1份（7.5x6公分）、墨綠色棉布1份（4x10公分）、棉繩1條（80公分，直徑不超過1公分）、鐘型木珠2顆

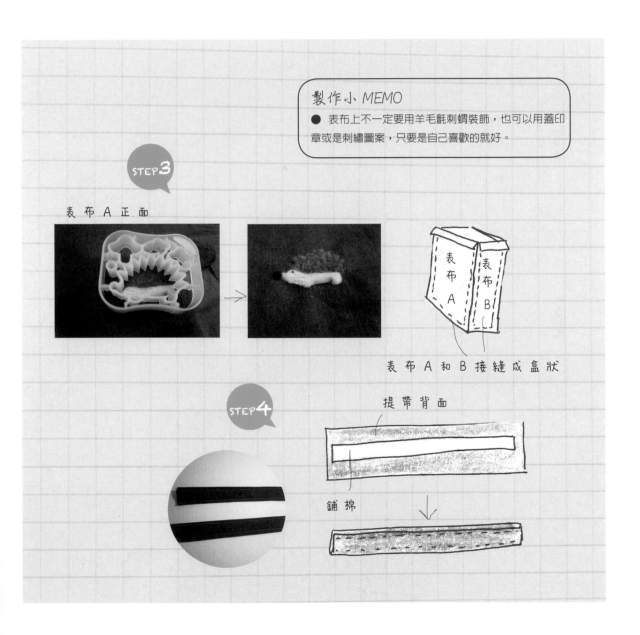

製作小 *MEMO*
● 表布上不一定要用羊毛氈刺蝟裝飾，也可以用蓋印章或是刺繡圖案，只要是自己喜歡的就好。

STEP 3

表布A正面

表布A和B接縫成盒狀

表布A　表布B

STEP 4

提帶背面

鋪棉

不思議！一張A4紙、簡單4步驟，輕鬆做出布雜貨

STEP BY STEP
製作步驟

5. 分別將 2 份口布的左右兩側收邊,再將下緣內摺 1 公分、摺兩次,以回針縫固定。上緣則內摺 2 公分、摺兩次,以半回針縫固定,中間留 1.5 公分的空隙,之後要穿入棉繩。接著將 2 份口布正面相對,以回針縫縫合左右兩邊。注意從下緣往上縫,不要整個縫完,縫到距袋口約 3 公分即可。縫完後翻面。

6. 將口布(上緣朝下)套到裡布上,兩者的正面皆朝外。然後將口布下緣在距離裡布袋口 2 公分的地方以回針縫縫合。縫完後翻面,讓裡布的背面朝外,套進表布裡,背面相對,再把提帶夾入表、裡布之間,以珠針固定位置後,以半回針縫縫合袋口,最後將口布往上拉出。

7. 將 4x10 公分墨綠色棉布的四側收邊,接著將兩側短邊向內摺,在棉布的正中央重疊,以平針縫固定。然後將棉繩穿進口布上緣預留的空隙,再將兩端分別穿入縫好的墨綠色棉布中,並在尾端各穿入 1 顆鐘型木珠、打結固定。

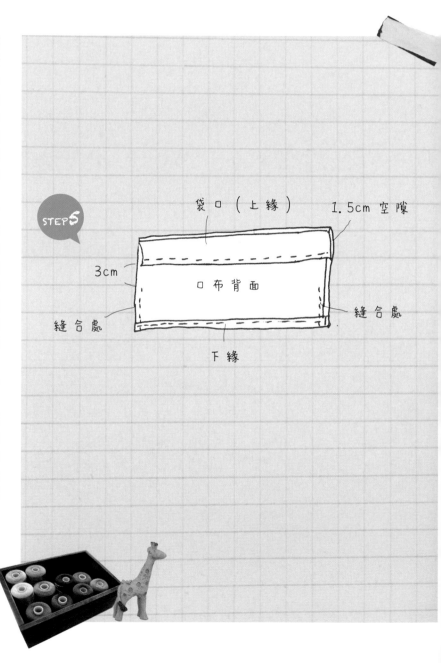

STEP 5

袋口(上緣)   1.5cm 空隙

3cm

口布背面

縫合處

縫合處

下緣

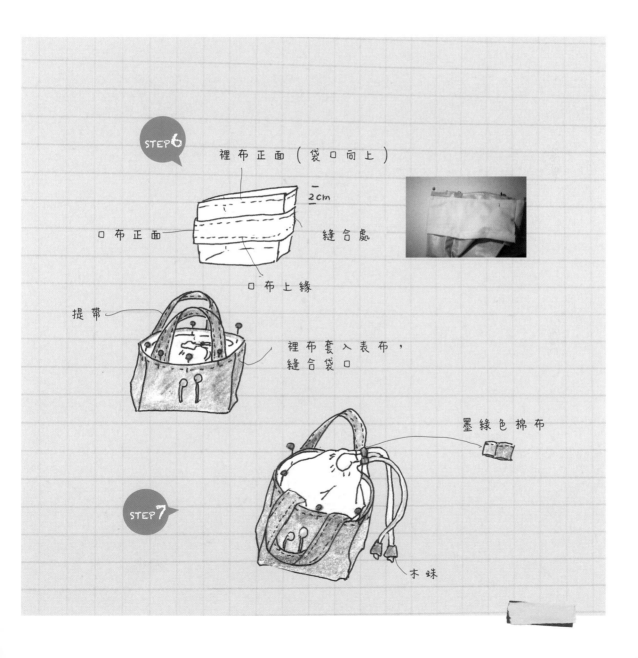

STEP 6

裡布正面（袋口向上）

2cm

口布正面

縫合處

口布上緣

提帶

裡布套入表布，
縫合袋口

墨綠色棉布

STEP 7

木珠

[小提包 · 袋中袋]

有時急著想出門，又想換個包包，但要把口紅、粉餅、耳機、記事本等，從一個包包移到另外一個包包實在很麻煩，那就來做一個袋中袋吧！把那些零碎的小東西收納到有很多間格的袋中袋裡，要換個包包出門時，只要直接拎著袋中袋換包包就行了！

PREPARATIVE

⊛ **紙型** (不含 1 公分縫份)

不需紙型,請按照下列公分數剪裁布料:

● 表、裡布:A. 25x16 公分、B. 57x6 公分
● 口袋:A. 25x14 公分、B. 30x14 公分
● 拉鏈袋:25x14 公分
● 提帶:20x2 公分

STEP BY STEP

製作步驟

1. 按照上述尺寸和份數剪裁全部布料,表布、裡布、口袋、拉鏈袋和提帶都要留 1 公分縫份。接下來,先將零件分別處理完成,再組裝。首先,處理提帶:在其中 2 份布料的背面中央燙上單膠鋪棉,接著把 4 份布料的兩側(長邊)收邊,然後將布料兩兩相對(背對背、鋪棉對無鋪棉)以平針縫縫合,便完成 2 條提袋。

2. 拉鏈袋:將 2 塊素麻布的上緣(長邊)收邊,再與拉鏈兩側的布料以平針縫縫合。接著將 2 塊 5x5 公分的棕色小碎花棉布的其中一側收邊,將收邊的這側分別接縫到拉鏈的頭尾兩端,注意素麻布、小碎花布和拉鏈的正面要相接。最後將 2 塊素麻布正面相對,以回針縫縫合其餘三側。縫完後在袋底兩角捏出等腰三角形,以回針縫固定三角形底邊後,剪掉餘布,翻面。

3. 表布口袋(1):首先將口袋 A(棕色小碎花棉布)的左右緣(短邊)及上緣(長邊)收邊。接著以口袋背面重疊到表布 A 正面、下緣對齊下緣(長邊),將兩個側邊分別固定在距離表布 A 左右緣 2 公分處,最後在口袋中央縫一條線固定,分隔出左右兩個口袋。

4. 表布口袋(2):將口袋 B(細淺色素麻布)的上緣收邊,並在背面兩個底端捏出倒 V,以回針縫固定。接著以口袋背面重疊到另一塊表布 A 正面、下緣對齊下緣,兩個側邊則分別與表布 A 的左右緣縫合。然後在口袋中央捏出兩條管狀並縫線固定,之後可將筆插在此處。

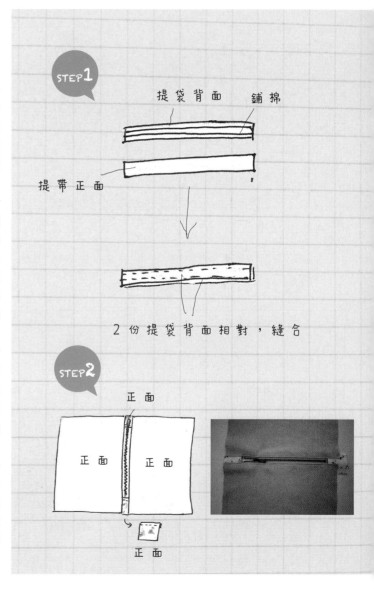

材料（布料大小請參考紙型）

- 表布：細淺色素麻布（2 份 A、1 份 B）
- 裡布：米棕色樹葉薄棉花布（2 份 A）、棕色小碎花棉布（1 份 B）
- 口袋：棕色小碎花棉布、米棕色樹葉薄棉花布（各 1 份 A）、細淺色素麻布（1 份 B）
- 拉鏈袋：細淺色素麻布（2 份）
- 提帶：細淺色素麻布（4 份）
- 配件：拉鏈 1 條（20 公分）、棕色小碎花棉布 2 份（5x5 公分）、單膠鋪棉 2 份（20x1 公分）

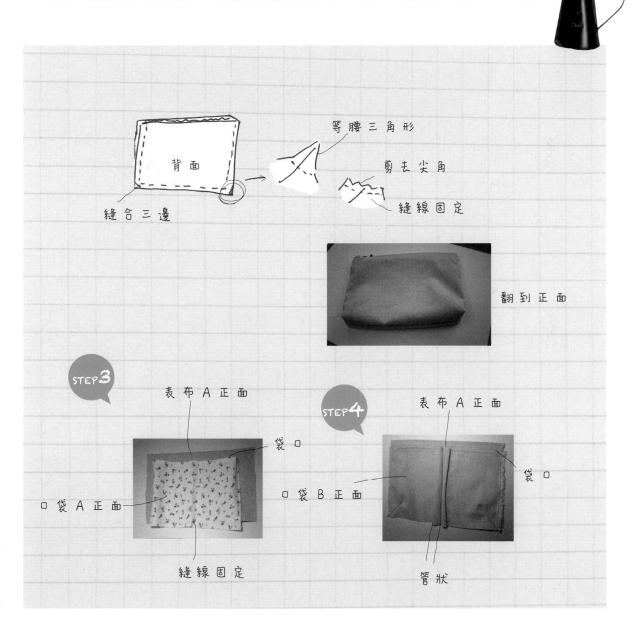

縫合三邊　背面　等腰三角形　剪去尖角　縫線固定　翻到正面

STEP3　表布 A 正面　袋口　袋 A 正面　縫線固定

STEP4　表布 A 正面　袋口　袋 B 正面　管狀

STEP BY STEP

製作步驟

5. 表布：將表布 B 與 2 塊表布 A 正面相對、組合成袋狀後（如圖示），用珠針固定位置，以回針縫縫合，最後修剪邊角、翻面，並將袋口收邊。

6. 裡布：先以表布口袋（1）的做法縫製裡布的口袋 A（布料為米棕色樹葉薄棉花布），接著按照步驟 5 縫合裡布 A 和 B。

7. 組合裡布與拉鏈袋：將拉鏈袋放入裡布內，拉鏈朝上，袋底要貼合，不要懸空。拉鏈袋的左右兩側與裡布的左右兩側縫合，縫大約 3 公分就好。建議加強固定拉鏈頭尾兩端的布料。

8. 組合表布和裡布：將裡布放入表布內，對齊平整，然後在袋口的表、裡布之間夾入 2 條提帶，單條提帶的兩端建議相隔 14 公分。用珠針固定位置後，以半回針縫縫合袋口。

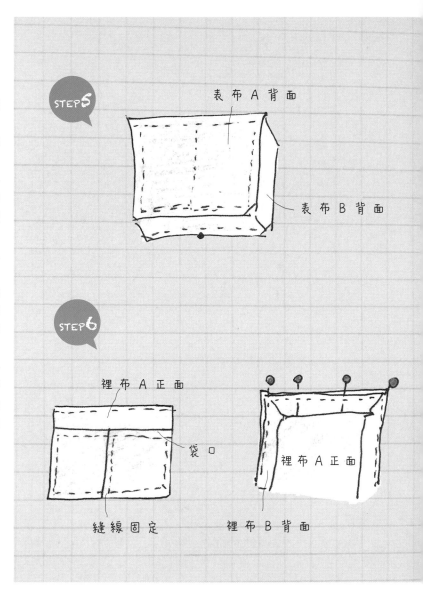

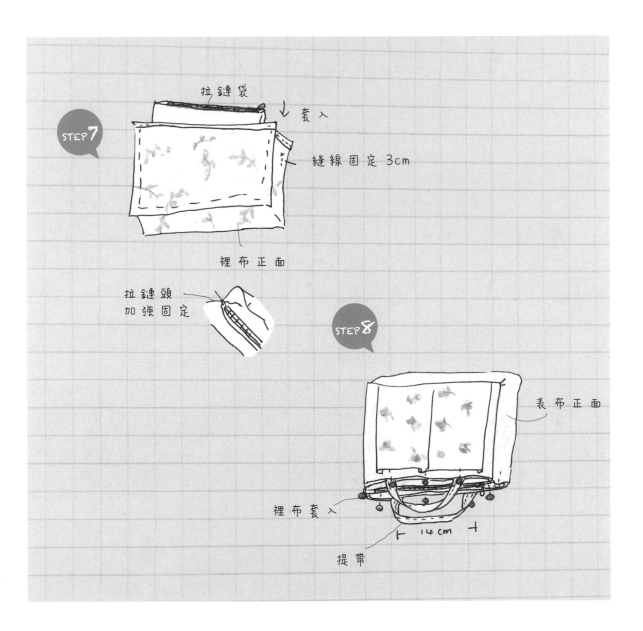

拉鏈袋

套入

STEP7

縫線固定 3cm

裡布正面

拉鏈頭
加強固定

STEP8

表布正面

裡布套入

|← 14cm →|

提帶

NO. **6** HANDMADE LIFE

好收納環保袋

出門時自己準備一個環保袋，好用又環保。要是市
售的花色不喜歡，那就選一塊喜歡的布料，自己動
手做吧！

PREPARATIVE

紙型（不含1公分縫份）

不需要紙型，請按照下列公分數剪裁布料：

92x38 公分

STEP BY STEP

製作步驟

1. 按照上述尺寸及份數剪裁表布，並留1公分縫份。接著將表布沿長邊對摺，於上緣（開口的短邊）正中央剪掉一個 15x15 的方形布塊，然後把表布展開，將所有的邊收邊。

2. 將左右側提把沿頂端對摺，背面向內，並以平針縫縫合提把頂端及內側。注意內側只要從上到下縫7公分即可。另一頭的左右提把也以相同步驟處理。

3. 將表布沿長邊對摺，正面相對，左右兩側以回針縫縫合，從下往上縫 20 公分即可。接著將提把的頂端縫合，縫完後翻面。最後將袋身的左右兩側內摺，讓袋底和袋口等寬，然後將內摺的部分在袋底縫線固定。

4. 找出袋子的中心點，把 30 公分棉帶（兩端先收邊）的中心點縫在袋子的中心點上，距離袋底大約 6 公分的位置。最後在中心點縫上 2 顆木珠裝飾。

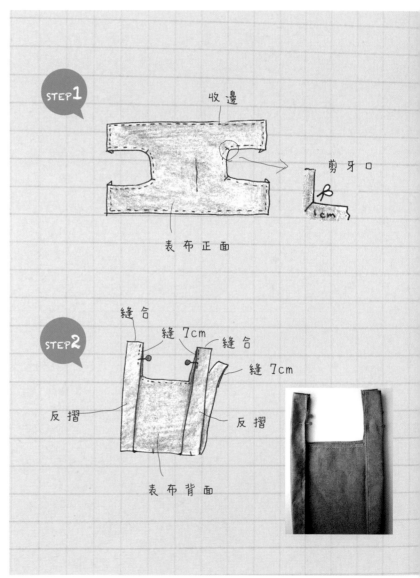

STEP1
收邊
剪牙口
1cm
表布正面

STEP2
縫合
縫 7cm
縫合
縫 7cm
反摺
反摺
表布背面

材料（布料大小請參考紙型）

表布：細灰色牛仔布（1 份）

配件：棉帶 1 條（或緞帶，30 公分）、紅色小木珠 2 顆

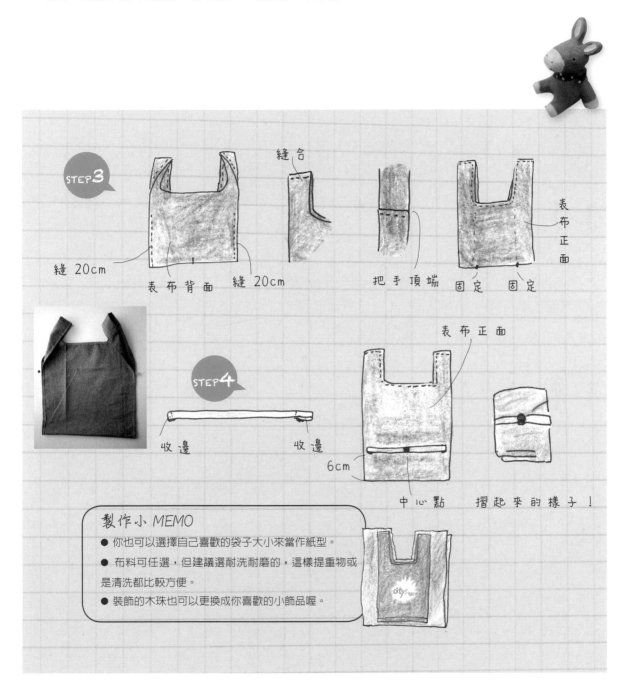

STEP3

縫合

縫 20cm

表布背面　縫 20cm

把手頂端　固定　固定

表布正面

STEP4

收邊　　　　收邊

表布正面

6cm

中心點　摺起來的樣子！

製作小 MEMO

● 你也可以選擇自己喜歡的袋子大小來當作紙型。

● 布料可任選，但建議選耐洗耐磨的，這樣提重物或是清洗都比較方便。

● 裝飾的木珠也可以更換成你喜歡的小飾品喔。

［ 素麻布防水水壺袋 ］

把喝完的礦泉水瓶子留下來,用 A4 紙繞著它摺一摺、做
紙型,然後用防水布做個水壺袋,就可以放在包包裡不怕
倒出來,也可以掛在包包外,很方便!

PREPARATIVE

紙型（不含 1 公分縫份）

● 把礦泉水瓶或是自己的水壺，用 A4 紙包起來，量出剛好能包覆一圈的大小，其餘的部分剪掉。建議長度多留 1 公分；高度則要比瓶子高出 6.5 公分。接著在剩下的紙上描出瓶底，剪下，就完成一個長形（A）和一個圓形（B）的紙型。以下示範的成品可放下約直徑 6.5 公分、高 12 公分的瓶子。

A. 21.5x18.5 公分
B. 直徑 7 公分

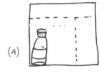

STEP BY STEP
製作步驟

1. 按照紙型剪裁表布，並留 1 公分縫份。接著將 2 塊表布 B 正面相對，以回針縫縫合，預留 3 公分返口，然後修剪邊角及牙口，翻回正面，以藏針縫縫合返口。

2. 在表布 A 中央、從上往下剪開 6.5 公分，然後再往左右各剪開 1 公分。另在左右兩側、同樣距離上緣 6.5 公分的位置剪開 1 公分。接著將表布 A 上緣內摺 0.5 公分、摺兩次，以平針縫固定，再將四個 1 公分開口的布內摺固定。

3. 將 2x21.5 公分的素麻棉帶固定在表布 A 的背面上緣（如圖示），中間留 1.5 公分空隙，之後要穿入細棉繩。

4. 裝飾表布 A 的正面。將 16x6 公分的淺棕色先染布收邊，縫在袋身的一側，上面再加蕾絲裝飾；袋身另一側也以蕾絲裝飾。然後將表布 A 對摺，正面朝內，以回針縫縫合側邊。接著再與表布 B 縫合，防水面朝外。縫完後，修剪邊角、翻面。最後將細棉繩穿入素麻棉帶的空隙，左進左出、右進右出各一條，接著在棉繩尾端穿入木珠、打結固定。

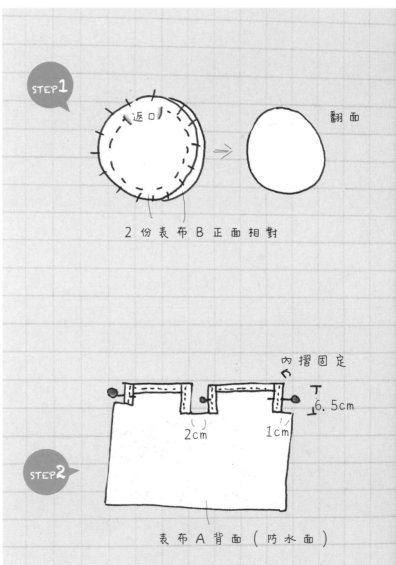

材料（布料大小請參考紙型）

● 表布：防水素麻布（1 份 A、1 份 B）、素麻布（1 份 B）

● 配件：蕾絲、白色細棉繩 2 條（1x35 公分）、素麻棉帶 1 條（2x21.5 公分）、深棕色木珠 2 顆、
淺棕色先染布 1 條（16x6 公分）

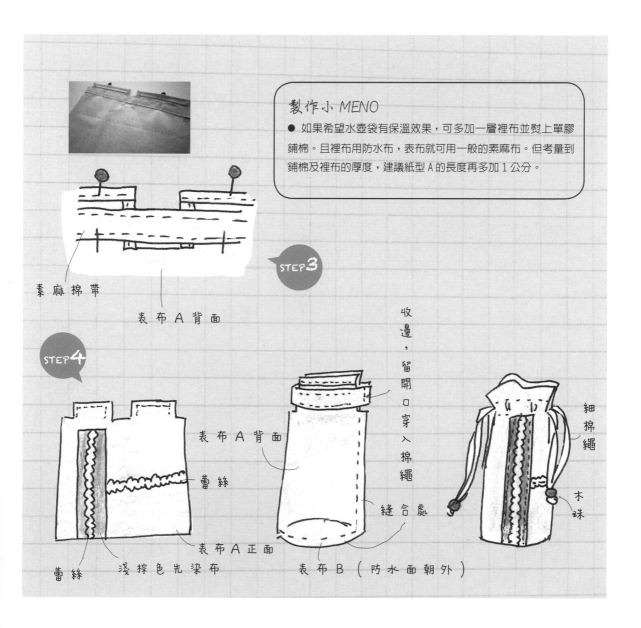

製作小 *MEMO*

● 如果希望水壺袋有保溫效果，可多加一層裡布並熨上單膠
鋪棉。且裡布用防水布，表布就可用一般的素麻布。但考量到
鋪棉及裡布的厚度，建議紙型 A 的長度再多加 1 公分。

素麻棉帶

表布 A 背面

STEP 3

STEP 4

收邊，留開口穿入棉繩

表布 A 背面

蕾絲

表布 A 正面

蕾絲　　淺棕色先染布

縫合處

表布 B（防水面朝外）

細棉繩

木珠

NO. **8** HANDMADE LIFE

復古風
綠玫瑰方形手拎包

用綠色玫瑰花布來做方形手拎包頗有復古的味道，而這個包包的
大小也恰好可以放些簡單小物，像是手機、錢包、鑰匙等等，如
果是要簡便出門一趟，用這個包包剛剛好！

PREPARATIVE

❖ **紙型**（不含1公分縫份）
● 以二分之一 A4 為主要紙型來剪裁布料：
表、裡布：A.21x15 公分、B.53x6 公分
口袋：A.16x9 公分、B.12x11 公分
鋪棉：21x15 公分

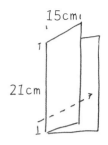

15cm

21cm

STEP BY STEP

製作步驟

1. 按照上述尺寸和份數剪裁表布、裡布、口袋及鋪棉，除鋪棉外，其餘都要留1公分縫份。接著在2份表布A的背面燙上鋪棉，並在其中一塊表布A上縫上口袋A，而口袋B則縫在其中一塊裡布A上。

2. 將有口袋的表布A與沒口袋裡布A正面相對，以回針縫縫合，預留返口。縫完後修剪邊角、翻面，再以藏針縫縫合返口。沒有口袋的表布A和有口袋的裡布A也以同樣的步驟縫合。

3. 將表布B的兩個短邊收邊，分別與拉鏈的頭尾兩端接合（正面相接），形成一個環狀。然後將表布B的兩側長邊內摺，變成與拉鏈同寬，熨燙一下固定摺線，再將53x4 公分的素麻棉帶重疊其上，遮住內摺處，用珠針固定位置，並以平針縫固定棉帶四邊。

4. 將單條9x1 公分的素麻棉帶穿過單個D型銅環後對摺，固定在表布B正面、距拉鏈頭端約2公分處。另一條9x1 公分的素麻棉帶也比照處理，固定在距拉鏈尾端約2公分處。

5. 將2份表布A與表布B背面相對，用珠針固定成包包的樣子（如圖示），接著以平針縫縫合各邊，再裝上皮質雙扣提帶就完成了。

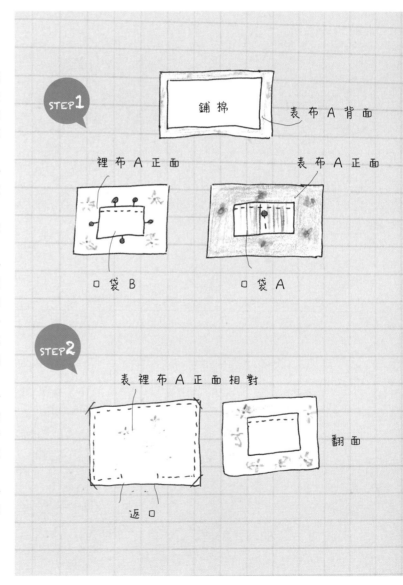

STEP **1**

鋪棉　　　表布 A 背面

裡布 A 正面　　　表布 A 正面

口袋 B　　　口袋 A

STEP **2**

表裡布 A 正面相對

返口

翻面

材料（布料大小請參考紙型）

● 表布：復古綠玫瑰棉布（2 份 A）、米色條紋麻布（1 份 B）

● 裡布：黃色小碎花布（2 份 A）

● 口袋：米色條紋麻布（1 份 A）、素麻布（1 份 B）

● 鋪棉：單膠鋪棉（2 份 A）

● 配件：素麻棉帶 3 條（1 條 53x4 公分、2 條 9x1 公分）、拉鏈 1 條（5x20 公分）、
皮質雙扣提帶 1 條（36 公分）、D 型銅環 2 個

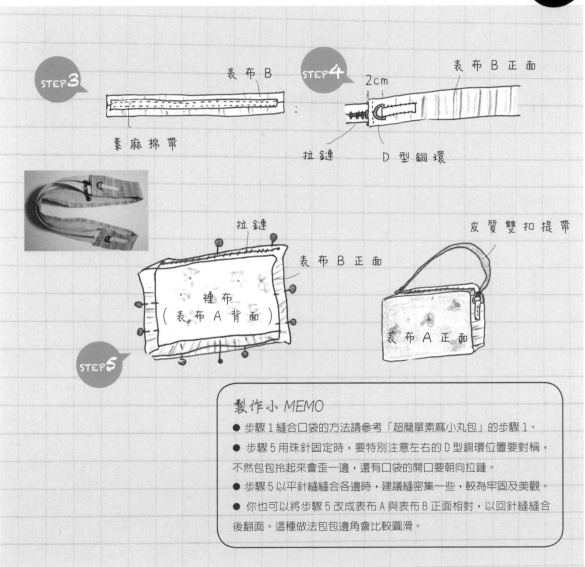

製作小 MEMO

● 步驟 1 縫合口袋的方法請參考「超簡單素麻小丸包」的步驟 1。

● 步驟 5 用珠針固定時，要特別注意左右的 D 型銅環位置要對稱，
不然包包拎起來會歪一邊，還有口袋的開口要朝向拉鏈。

● 步驟 5 以平針縫縫合各邊時，建議縫密集一些，較為牢固及美觀。

● 你也可以將步驟 5 改成表布 A 與表布 B 正面相對，以回針縫縫合
後翻面。這種做法包包邊角會比較圓滑。

奔跑吧，小銅馬！微單眼相機包

最近微單眼相機很流行，女孩們入手的也多，但苦惱的是，市售的相機包卻少有可愛又大小剛好的。如果有個相機包，剛剛好裝得下心愛的 GF3，又不會太大，可以拎著走，也可以丟到隨身的大包包裡，那就太棒了！

PREPARATIVE

● **紙型**（不含 1 公分縫份）
● 用 A4 紙將 GF3 包起來，量出適當的大小，其餘裁掉。裁完後，約是 11.5x30 公分。剩下的紙不要丟掉，備用。

STEP BY STEP

製作步驟

1. 按照紙型剪裁表布、裡布、蓋子和鋪棉，除鋪棉外，其餘皆留 1 公分縫份。接著在表布、裡布和蓋子的背面燙上單膠鋪棉。

2. 依照表布、裡布、蓋子的順序，以回針縫將這三者接縫成一長條型布塊（皆以短邊相接），接著將蓋子的部分對摺，正面朝內，與表布的另一側短邊相接，不縫，僅以珠針固定，當作返口。然後將兩側長邊以回針縫縫合，縫完後修剪邊角，拔起珠針，從返口翻面，再以藏針縫縫合返口。如此完成袋身及蓋子。

3. 用袋身包覆 GF3，以珠針固定蓋子。然後將剩下的 A4 紙對摺，比照袋身兩側的大小，裁掉多餘的部分（對摺的地方不要剪開）。將裁好的紙展開後，依照此大小剪裁 2 份素麻布及 2 份單膠鋪棉，素麻布需留 1 公分縫份。

4. 分別在 2 份素麻布的背面燙上單膠鋪棉後，對摺，正面朝內，以回針縫縫合，預留返口，然後修剪邊角、翻面，再以藏針縫縫合返口。如此完成兩個方形布塊。

5. 將兩個方形布塊分別以藏針縫縫合在袋身左右兩側（僅三邊縫合），接著在蓋子背面縫上魔鬼粘的勾面，再確認表布上魔鬼粘絨面的位置，並縫好。蓋子正面則縫上小銅馬，和表布的接合處也縫上蕾絲裝飾。最後將粉色點點棉帶的兩端，分別縫在袋身兩側即可。

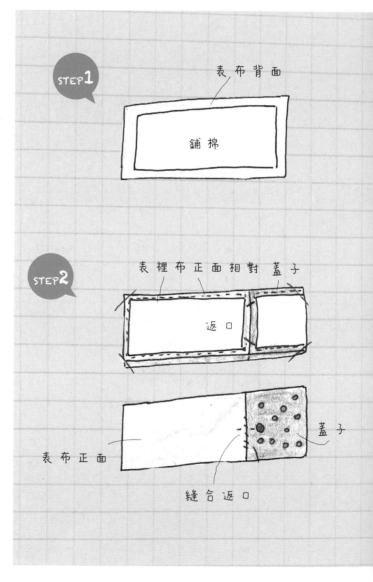

材料（布料大小請參考紙型）
- 表布：素麻布（1 份）
- 裡布：黑色小碎花棉布（1 份）
- 蓋子：深咖啡色點點先染布（1 份，約紙型的一半大，11.5x15 公分）
- 鋪棉：單膠鋪棉（2 份同紙型、1 份同蓋子）
- 配件：粉色點點棉帶 1 條（22 公分）、蕾絲、小銅馬 1 隻、魔鬼粘 1 組（2x7 公分）

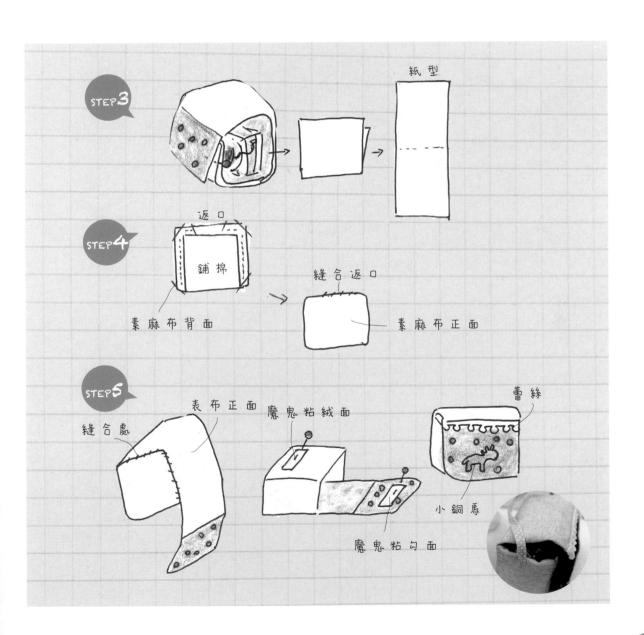

No.**10** HANDMADE LIFE

[淡藍色 玫瑰復古扁扁包]

用一張 A4 紙即可完成的扁扁包,簡單又實用,做好的包包可以放得下一兩本小說或筆記本,很適合帶著小說出門晃晃的時候用!

PREPARATIVE

🔘 **紙型**（不含1公分縫份）
- 表、裡布：兩張 A4 紙大小，約 21x60 公分
- 內袋：二分之一 A4 紙大小，約 21x15 公分

STEP BY STEP
製作步驟

1. 先將表布對摺，再依照 A4 紙大小剪裁，不要將對摺處裁開，展開後，就是 21x60 公分，記得留 1 公分縫份；裡布也按照相同方式剪裁。然後將 A4 紙對摺，以此大小剪裁內袋，同樣要留 1 公分縫份。

2. 將內袋的上緣（長邊）內摺 1 公分、摺兩次，以平針縫固定。接著將內袋與裡布正面相對，內袋下緣（上緣朝下）以回針縫固定在距裡布上緣（短邊）約 19 公分的位置，然後將內袋往上翻（上緣朝上），以回針縫固定左右兩邊。

3. 分別將 2 份提帶沿短邊對摺（正面朝內），以回針縫縫合長邊後翻面。再將 2 份提帶重疊在一起，以平針縫縫合左右兩側長邊。建議將 2 份提帶的縫合處面對面重疊，這樣比較美觀。

4. 將裡布沿長邊對摺，正面朝內，以回針縫縫合左右兩側，再於正面袋口適當的位置縫上銅暗釦 1 組。表布也以相同方法縫合，但不需縫銅暗釦，修剪四角後即翻面，並於正面縫上蕾絲裝飾。最後裡布不翻面，套進表布裡，背面相對，袋口縫份內摺、對齊，並將提帶夾在袋口的左右兩端、裡布與表布之間，用珠針固定後，以半回針縫縫合即完成。

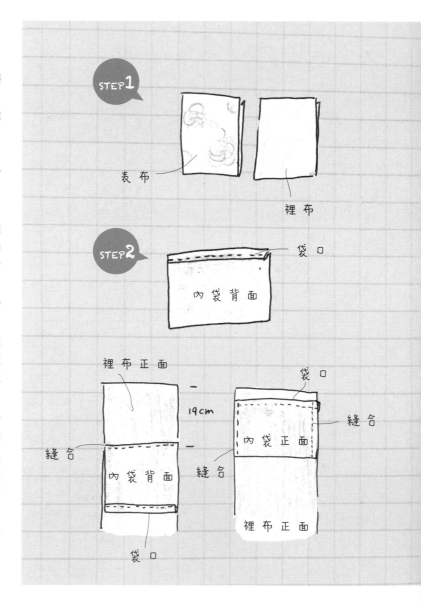

材料（布料大小請參考紙型）

● 表布：淡藍色玫瑰復古花布（1 份）

● 裡布：素麻布（1 份）

● 內袋：素麻布（1 份）

● 提帶：素麻布（46x6 公分）、淡藍色玫瑰復古花布（46x5 公分）

● 配件：蕾絲、銅暗釦 1 組

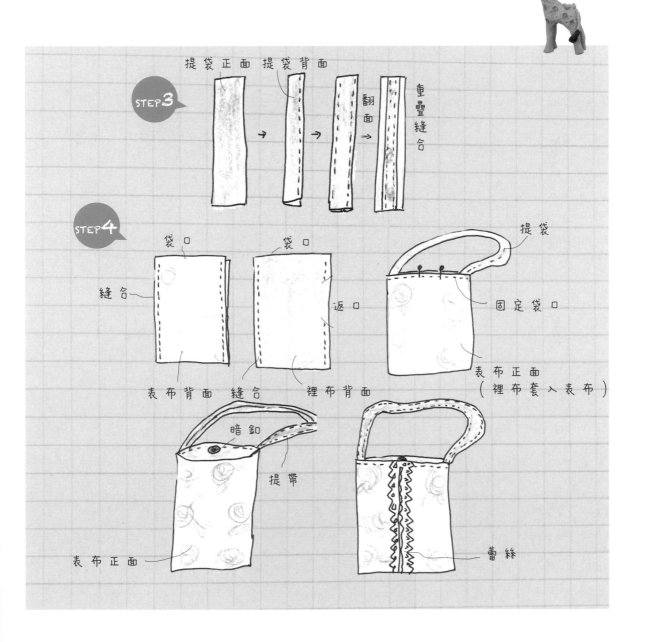

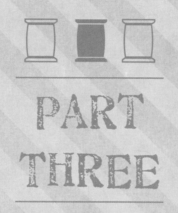

PART THREE

展現自我的個性小物

這是一個展現自我的年代！就算是幾乎人手一台的 iPhone、每人必備的
悠遊卡都要具有個人風格。擔心市面上的商品不能表現你的獨特魅力嗎？
那就自己動手做吧！

NO. 1 HANDMADE LIFE

[咖啡色點點
好用手機套]

手機、耳機、悠遊卡,每次出門都少不了它們,要是可
以把這三樣東西收在同一個袋子裡就好了!

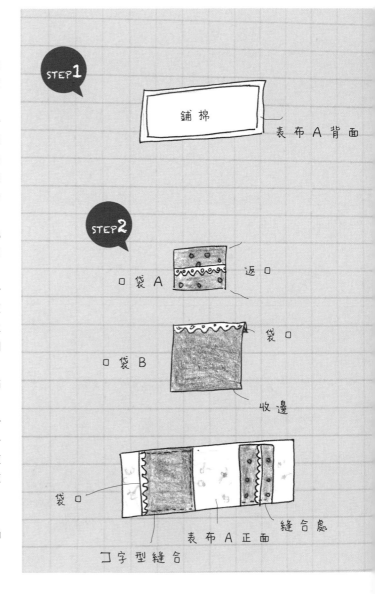

PREPARATIVE

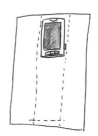

紙型（不含 1 公分縫份）
● 用 A4 紙把手機包起來，量出適當大小，裁掉多餘的部分。建議將紙從下往上包，量出手機的長度總合（前後）與寬度，兩個側邊（厚度）就不需紙型，可直接裁布，以下尺寸做出的成品適用於 iPhone 3G：
● 表布：A.25x7 公分、B.11.5x2 公分
● 裡布：A.25x7 公分
● 口袋：A.7x6 公分、B.7x9 公分

STEP BY STEP
製作步驟

1. 依照紙型剪裁表布、裡布、口袋及單膠鋪棉，表布、裡布、口袋需多留 1 公分縫份。接著在表布 A 背面燙上單膠鋪棉。

2. 縫合口袋。先縫口袋 A：將口袋表布 A 與口袋裡布 A 正面相對，以回針縫縫合三邊，留下一短邊（6 公分）為返口。縫完後，修剪邊角、翻面，並縫上蕾絲裝飾。接著縫口袋 B：將口袋表布 B 的上緣（短邊）內摺 0.5 公分、摺兩次，以平針縫固定，並縫上蕾絲裝飾（上緣），接著把下緣收邊。最後將口袋 A 和口袋 B 固定在表布 A 正面。口袋 A 只縫返口那側，口袋 B 則縫ㄈ字型（如圖示）。

3. 分別將 2 份表布 B 的短邊縫份內摺，長邊則往內摺、互相重疊，並用平針縫固定上下緣。其中 1 份表布 B 的上緣加縫一段對摺的蕾絲。接著將表布 A 與裡布 A 正面相對，以回針縫縫合，並預留返口。縫完後，修剪邊角、翻面，再以藏針縫縫合返口。最後將 2 份表布 B 與表布 A 背面相對，以平針縫縫合（如圖示）。

4. 將手機裝入縫好的手機袋中，然後將綠色點點棉帶的一端固定在手機背後的裡布上、距離袋口 1.5 公分的位置，並在棉帶另一端縫上魔鬼粘的勾面。接著將棉帶拉向手機正面的表布，確認魔鬼粘絨面的位置，並縫好。此棉帶的作用是防止手機掉出來，所以先將手機放入，再確認魔鬼粘的位置較準確。最後用貝殼釦將口袋 A 尚未固定的那側固定在表布上。

STEP 1

鋪棉

表布 A 背面

STEP 2

口袋 A

返口

口袋 B

袋口

收邊

袋口

ㄈ字型縫合

表布 A 正面

縫合處

材料（布料大小請參考紙型）

● 表布：白底棕色小花布（1 份 A、2 份 B）

● 裡布：素麻布（1 份 A）

● 鋪棉：單膠鋪棉（1 份，同表布 A）

● 口袋表布：棕色點點先染布（1 份 A）、棕色先染布（1 份 B）

● 口袋裡布：素麻布（1 份 A）

● 配件：蕾絲、魔鬼粘 1 組、貝殼釦 1 顆、綠色點點棉帶（5 公分）

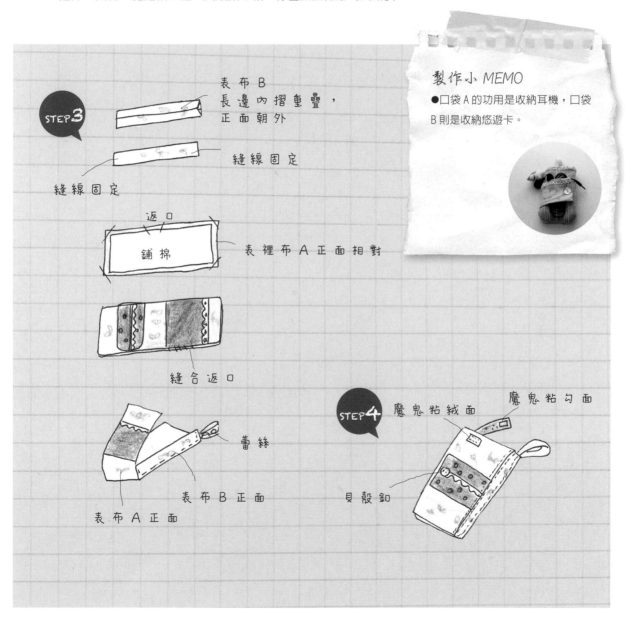

製作小 *MEMO*

●口袋 A 的功用是收納耳機，口袋 B 則是收納悠遊卡。

STEP3

表布 B
長邊內摺重疊，
正面朝外

縫線固定

縫線固定

返口

鋪棉

表裡布 A 正面相對

縫合返口

蕾絲

表布 B 正面

表布 A 正面

STEP4

魔鬼粘絨面

魔鬼粘勾面

貝殼釦

NO. 2 HANDMADE LIFE

[雙面私房布書衣]

把書包上書衣後,在公車、捷運上看就不會讓人知道你在看什麼,而且可以依照自己的心情喜好,隨意拼接表布,做出獨一無二的專屬布書衣。

PREPARATIVE

● **紙型**（不含 1 公分縫份）
● 用 A3 或 B4 紙包覆書本，量出適當的大小，記得左右要多留一截往內摺、包住封面和封底（大約 8-10 公分），然後裁掉多餘的部分。如果你想包的書已經有書衣，就可以直接把書衣當作紙型。以下示範的書衣能包覆 15x21 公分，厚度約 2 公分的書籍。
● 表、裡布：21x48 公分

STEP BY STEP
製作步驟

1. 依照紙型剪裁表、裡布，但長寬都必須比紙型大 0.5-1 公分，然後再預留 1 公分縫份，做出的布書衣才會寬鬆。以此一紙型來說，最後裁出來的布，加上縫份約是 25x52 公分。

2. 將表、裡布正面相對，並在裡布上大約標示出封面（15 公分）、封底（15 公分）、書背（2.5 公分）及書耳（左右兩側內摺的部分，各約 8.5 公分）。縫份要另外計算。接著將右書耳上下兩端各剪掉一截角，讓表、裡布的右緣變成約 7 公分。然後以回針縫縫合表、裡布的左緣，縫完後將左緣往表、裡布之間反摺（如圖示），約 8.5 公分，也就是將左書耳反摺進去的意思。

3. 在表、裡布之間夾入一條蕾絲，距離右緣約 14 公分處，也就是大約封面的三分之一的位置，用珠針固定。接著再以回針縫縫合上下兩個長邊，然後從右書耳翻面。翻完後，蕾絲應該在裡布這面，而左書耳也要摺向裡布。最後再以藏針縫縫合返口。

4. 將書包入書衣，確認書背的位置，然後在裡布縫上棕色蠟棉線，棉線尾端穿入木珠，打結固定，並以 4x4 公分素麻布包覆。最後在封面（表布）縫上蕾絲鏤空英文標籤裝飾。

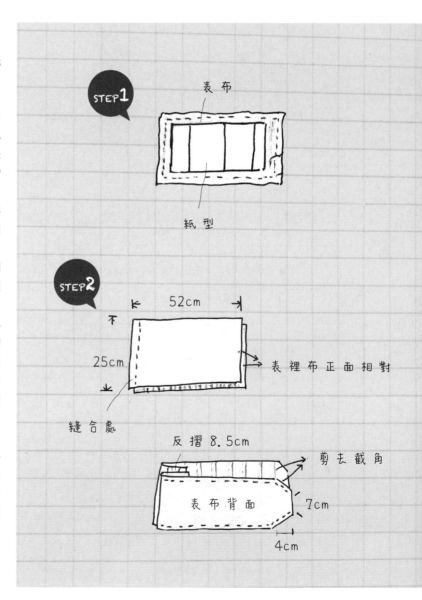

STEP 1 — 表布 / 紙型

STEP 2 — 52cm / 25cm / 表裡布正面相對 / 縫合處 / 反摺 8.5cm / 剪去截角 / 表布背面 / 7cm / 4cm

材料（布料大小請參考紙型）
● 表布：灰條紋棉布（1 份）
● 裡布：素麻布（1 份）
● 配件：蕾絲、蕾絲縷空英文標籤 1 份、棕色蠟棉線 1 條、木珠 1 顆、
素麻布一份（4X4 公分）

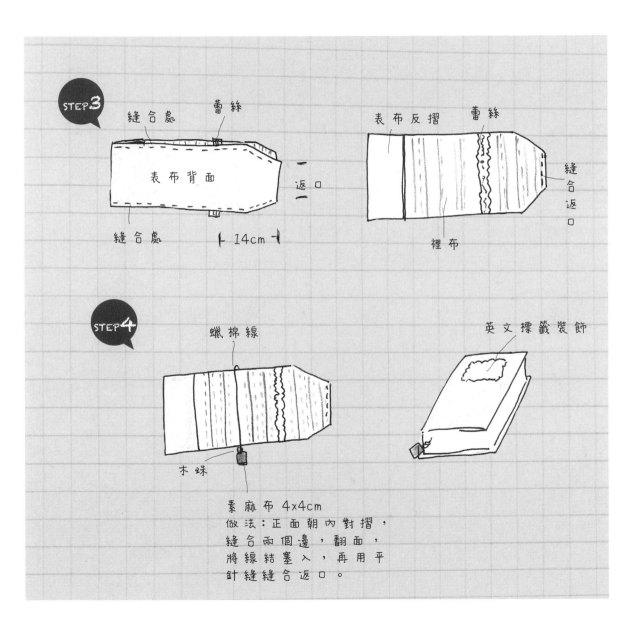

素麻布 4x4cm
做法：正面朝內對摺，
縫合兩個邊，翻面，
將線結塞入，再用平
針縫縫合返口。

NO. 3　HANDMADE LIFE

旅行者手帳套

可以放入筆記本，記下日常瑣事，也可以在去旅行時放入護照。
配合自己心愛的手帳，做一個專屬自己的手帳套吧！

PREPARATIVE

紙型（不含 1 公分縫份）

● 將 A4 紙短邊分成三份，裁掉三分之一即為紙型，約 14x30 公分。適用手帳大小約 9x12 公分。

STEP BY STEP

製作步驟

1. 依照紙型剪裁表布、裡布，皆需多留 1 公分縫份。然後將表、裡布正面相對，以回針縫縫合四邊，並預留返口。縫完後修剪邊角、翻面，先將返口以藏針縫縫合，再將左右兩端內摺約 4 公分（裡布向內），以藏針縫固定摺邊的上下緣。

2. 分別在手帳套的封面及封底縫上蕾絲裝飾，並在裡布中央頂端縫上蠟繩，蠟繩尾端穿上木珠、打個結，再把 4x4 的深棕色先染布對摺，正面向內，縫合兩個邊，預留一邊翻面。縫好、翻面後，將蠟繩尾端的結塞入，以平針縫縫合返口。最後再用錐子於封底打個洞，將棕色彈力繩對摺，兩端穿入後打結，就完成了。

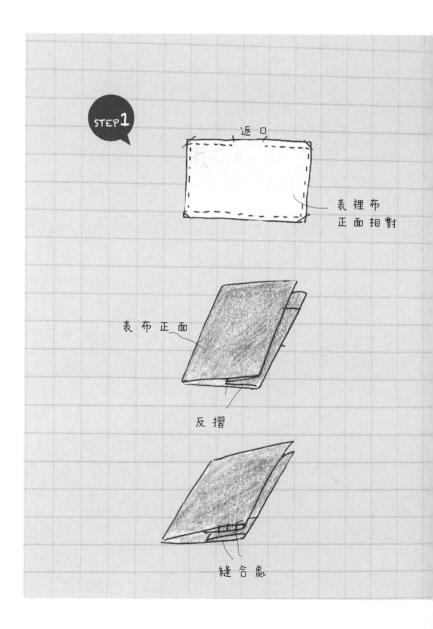

STEP**1**

返口

表裡布正面相對

表布正面

反摺

縫合處

材料（布料大小請參考紙型）

● 表布：深棕色先染布（1 份）

● 裡布：素麻布（1 份）

● 配件：蕾絲、蠟繩 1 條（16 公分）、木珠 1 顆、棕色彈力繩 1 條（23 公分）、深棕色先染布 1 份（4x4 公分）

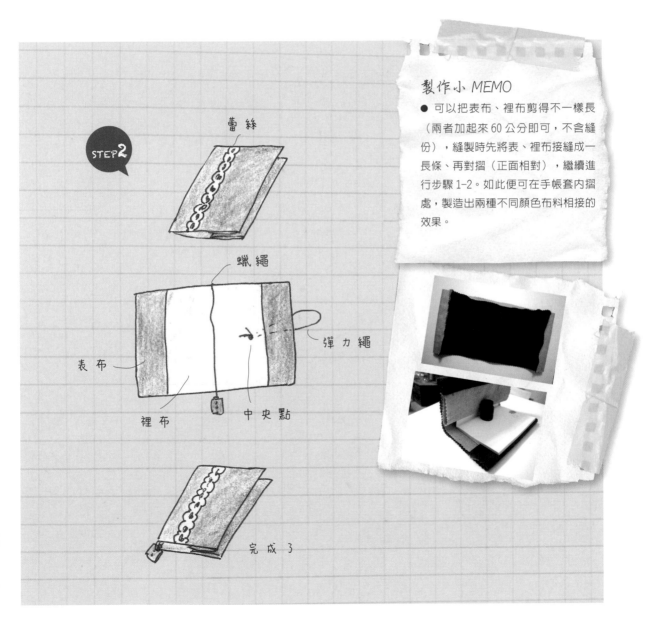

STEP 2

蕾絲

蠟繩

表布

裡布

中央點

彈力繩

完成了

製作小 *MEMO*

● 可以把表布、裡布剪得不一樣長（兩者加起來 60 公分即可，不含縫份），縫製時先將表、裡布接縫成一長條、再對摺（正面相對），繼續進行步驟 1-2。如此便可在手帳套內摺處，製造出兩種不同顏色布料相接的效果。

不思議！一張 A4 紙、簡單 4 步驟，輕鬆做出布雜貨

NO. 4　HANDMADE LIFE

小綿羊
iPad 收納保護袋

帶著 iPad 出門方便、好用，還可以打發時間，雖然
iPad 都有基本的保護蓋，但總覺得還不夠，不妨親手
幫它縫製一件衣服吧！用先染布和素麻布簡單拼接，
就很可愛喔！

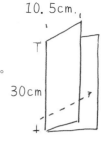

❊ **紙型**（不含1公分縫份）

● A. 一張 A4 紙大小，約 21x30 公分。

● B. 二分之一 A4 紙大小，約 10.5x30 公分。

10.5cm

30cm

STEP BY STEP
製作步驟

1. 按照紙型剪裁表布、裡布、鋪棉、側邊和口袋，除鋪棉外，其餘皆多留1公分縫份。首先將 1 份表布 A 與表布 B 相接，縫完後約為 31.5x30 公分（不含縫份），並在背面燙上單膠鋪棉。接著將口袋（素麻布）上緣（長邊）內摺 1 公分、摺兩次，以平針縫固定，其餘三邊的縫份內摺，用熨斗燙一下固定摺線，接著在口袋正面縫上蕾絲裝飾，然後以平針縫縫到表布 A+B 的正面。

2. 在另一份表布 A 背面燙上單膠鋪棉，並和裡布 A 正面相對，以回針縫縫合、預留返口，並在修剪邊角後翻面，以藏針縫縫合返口。表布 A+B 和裡布 A+B 也以相同方法處理。

3. 將側邊對摺（正面朝內）縫合，預留返口並翻面後，以藏針縫縫合返口，接著將之與 2 份表布背面相對，以平針縫接合（如圖示）。

4. 最後在袋蓋正面縫上蕾絲裝飾、袋蓋背面及表布 A 上縫上魔鬼粘，並在表布 A 角落畫上小綿羊裝飾。

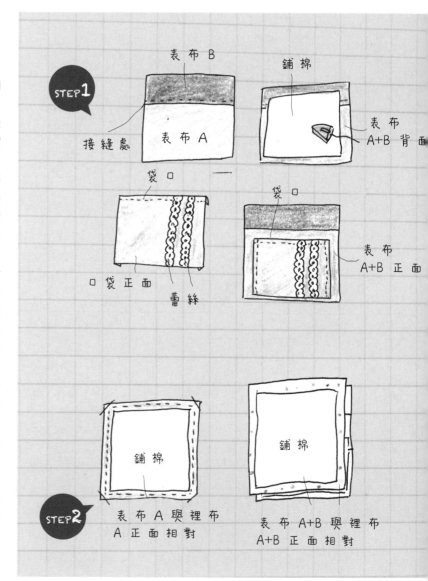

STEP1

表布 B

接縫處

表布 A

鋪棉

表布 A+B 背面

袋口

口袋正面

袋口

蕾絲

表布 A+B 正面

鋪棉

鋪棉

STEP2

表布 A 與裡布 A 正面相對

表布 A+B 與裡布 A+B 正面相對

材料（布料大小請參考紙型）
- 表布：素麻布（2 份 A）、深棕色先染布（1 份 B）
- 裡布：彩色點點小花布（1 份 A、1 份 A+B，約 31.5x30 公分）
- 鋪棉：單膠鋪棉（1 份 A、1 份 A+B）
- 側邊：墨綠色棉布（1 份，5x72 公分）
- 口袋：素麻布（1 份，20x28 公分）
- 配件：蕾絲、魔鬼粘

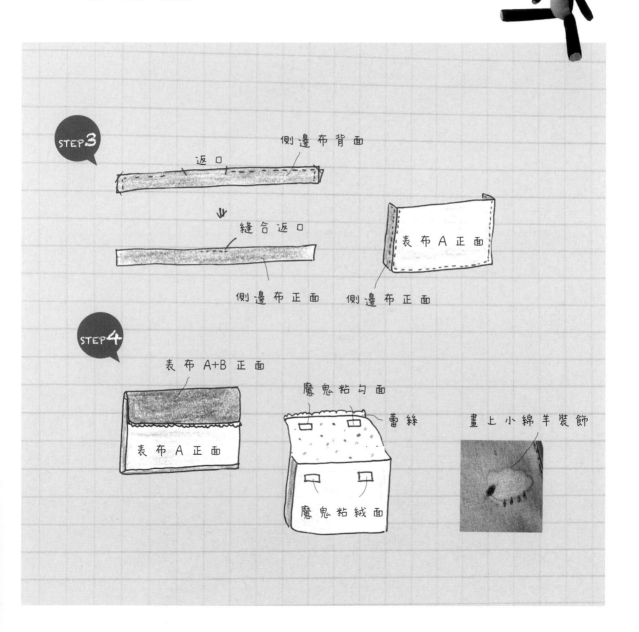

STEP 3
- 返口
- 側邊布背面
- 縫合返口
- 側邊布正面　側邊布正面
- 表布 A 正面

STEP 4
- 表布 A+B 正面
- 表布 A 正面
- 魔鬼粘勾面
- 蕾絲
- 魔鬼粘絨面
- 畫上小綿羊裝飾

千變萬化的
手機吊飾及鑰匙圈

只要兩三片小小的碎布、一條短短的棉帶和一些棉花，就可以
做出各式各樣的手機吊飾和鑰匙圈吊飾。

PREPARATIVE

🔘 **紙型**（不含 1 公分縫份）

● 不需要紙型，大小可隨自己的需要及喜好決定，重點在於剪出想要
的形狀喔！以下示範的成品大小約為 3x5 公分。

STEP BY STEP

製作步驟

1. 先將素麻布和先染布以 2:1 的比例接合，
然後與裡布相疊，剪出水滴形的布塊，記
得多留 1 公分縫份。

2. 將 1x4 公分的棉帶對摺再對摺，摺成
0.5x2 公分，夾在表布與裡布（正面相對）
之間、水滴尖端的位置，接著以回針縫縫
合表、裡布，並預留返口，翻面後，從返
口塞入棉花，棉花塞越多，成品就越飽滿
立體。最後再以藏針縫縫合返口，並於棉
帶上加裝銅鑰匙圈，就完成了！

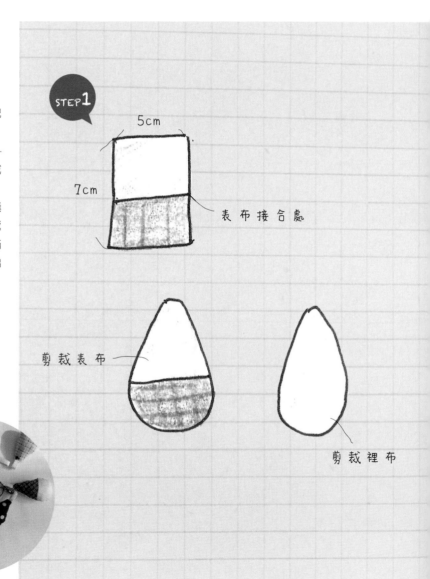

STEP1

5cm

7cm

表布接合處

剪裁表布

剪裁裡布

116

材料（布料大小請參考紙型）
● 表布：素麻布、先染布（各 1 份）
● 裡布：花布（1 份）
● 配件：棉帶 1 條（1x4 公分）、銅鑰匙圈 1 個或手機掛繩 1 條、棉花少許

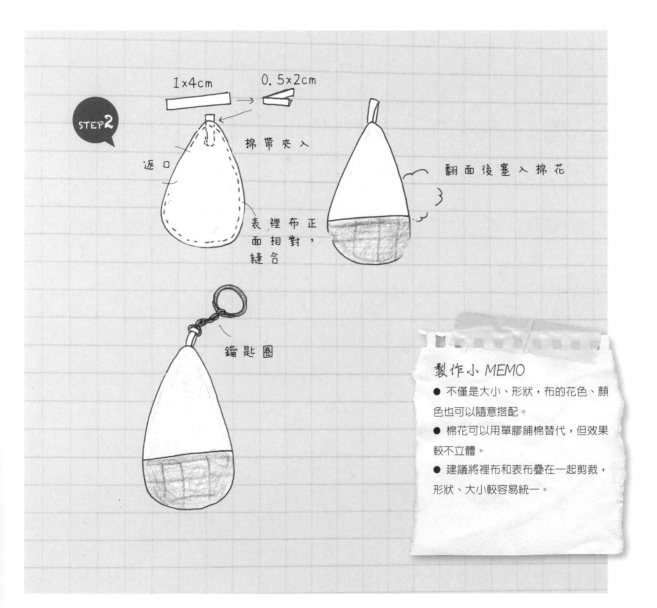

STEP2

1x4cm   0.5x2cm

棉帶夾入

返口

翻面後塞入棉花

表 裡 布 正
面 相 對 ，
縫 合

鑰 匙 圈

製作小 MEMO
● 不僅是大小、形狀，布的花色、顏
色也可以隨意搭配。
● 棉花可以用單膠鋪棉替代，但效果
較不立體。
● 建議將裡布和表布疊在一起剪裁，
形狀、大小較容易統一。

PART
FOUR

海豚的基礎手作小教室

- ● 基本工具
- ● 基本針法
- ● 隨手刻出簡單橡皮章

針線、珠針、針插

針線：最基本的工具。手縫線和車縫線不同，手縫線較粗、
車縫線較細，使用時要注意喔。

珠針：用來固定布料，便於縫製。

針插：製作途中要是針和珠針四散很危險啊，用個可愛針插
收集起來，不但好整理，看著也有好心情。

尺

準備一把 17 公分的尺方便畫線，還有一把 30 公分的尺、上
面有 1 公分的透明正方形間隔，很適合用來描布邊的縫份。
或是直接使用定規尺、拼布專用尺，連對角線都有，非常方
便。

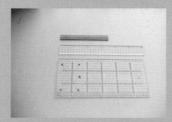

筆

水消筆或是氣消筆，都是用來在布上畫記號的。水消筆畫的
線條碰了水就會消失，氣消筆大概 20 分鐘到半個小時就會自
動消失，可以依你的需求選擇。

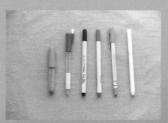

剪刀

鋸齒剪刀可以用來剪布，優點是剪下來的布料比較不用煩惱
鬚邊的問題，但如果要裁比較大的布，建議還是使用布剪。
另外還要備一把線剪來剪線頭，以及一把一般剪刀來剪紙型，
剪紙盡量不要和剪布用同一把。

錐子、鑷子、美工刀

錐子可以用來在布上鑽洞，或整理布邊。鑷子在整理布料的
細微處或者拉繩子的時候都用得到。美工刀則可以幫助裁紙。

基本針法

其實手作最基礎的就是針法。針法有許多種，本書中主要用到四種：平針縫、回針縫、半回針縫、藏針縫。這些都是最基礎的，很簡單也很實用，手作新手只要熟悉這幾種針法，最基礎的手作小物就可以信手拈來。剛開始縫得不好看沒關係，多練習就會有進步。

平針縫

針距約 3-5 公釐，是基礎中的基礎，由右向左縫。如果怕縫不直可以先做記號，然後沿著記號縫就可以了。
關鍵是耐心，針和慣用手的食指平行縫，而且穿針的線長度只要 40 公分左右即可，太長也不好縫。

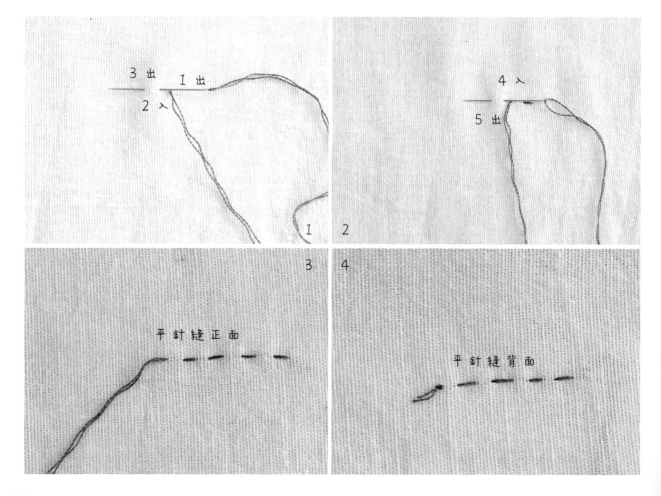

回針縫

針距約 3-5 公釐，正面看應該會呈現一直線，此種縫法比較牢靠。

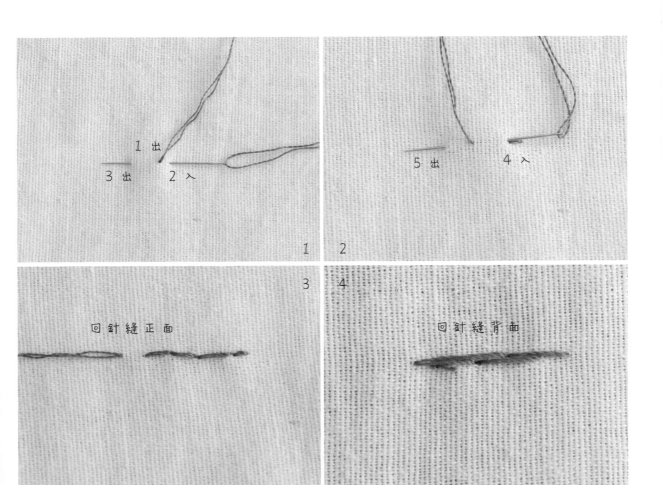

1　出
3　出　　2　入

1

5　出　　4　入

2

回針縫正面

3

回針縫背面

4

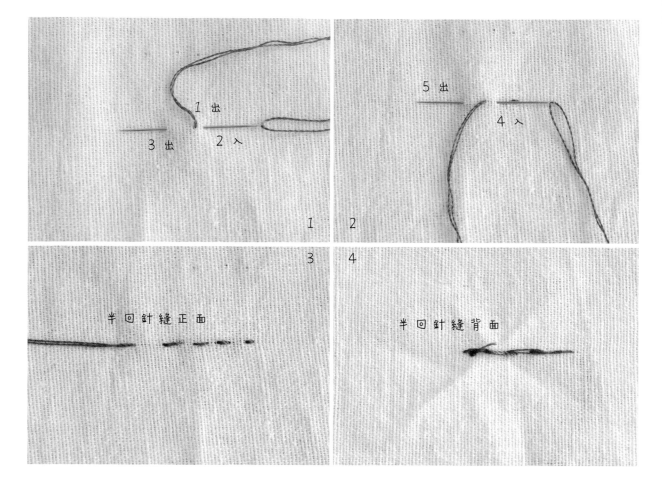

半回針縫

針距約 3-5 公釐，正面看應該會呈現虛線（與平針縫相同），因為如果平針縫中間有線斷掉的話，縫的地方很容易就會脫落，所以可以用半回針縫取代平針縫，使作品更牢固。

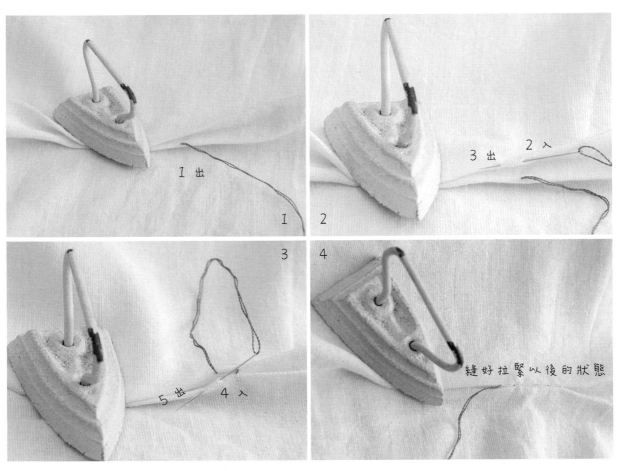

1 出

1

3 出　　2 入

2

3

5 出　　4 入

4

縫好拉緊以後的狀態

藏針縫

針距約 3-5 公釐，此縫法常用來收合返口，或是接合表布，因為縫好後、線拉緊，就看不見線頭了。

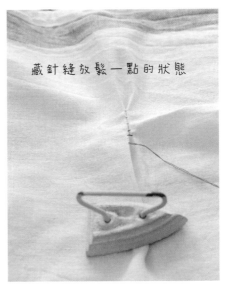

藏針縫放鬆一點的狀態

隨手刻出簡單橡皮章

在這本書裡我使用了一棵小樹印章，上面很簡單地只刻了三片葉子和樹幹，初學者可以從簡單的圖案做起，一朵雲、一滴小水滴、幾片小葉子、小房屋等，都是不錯的選擇，蓋在手作物上不僅可愛，更有成就感，大家不妨從這些小圖案入手！

Morning
Healthy and Tasty
Let's enjoy breakfast!

工具：
角刀、小丸刀（或筆刀、美工刀）、墊板、描圖紙（或白紙）、自動鉛筆、軟硬適中的橡皮擦

印泥、印台：
VersaCraft 布用印台、VersaMagic 布用印泥

步驟：

1. 找一個自己喜歡的圖案，用鉛筆畫在描圖紙或一般白紙上。接著把塗寫面對著橡皮擦，再用指甲或工具把圖案按壓轉印到橡皮擦上。

2. 把印了圖案的橡皮切下來，先用角刀沿著線條雕刻，再用小丸刀刻掉大面積的橡皮。

3. 完成後將碎屑清理乾淨，並用布用印泥輕輕、均勻的拍在圖案上，然後蓋在平整的布面上，最後用熨斗燙一下圖案，加熱定色。

  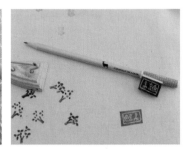

MEMO：

1. 印章蓋過後，建議用衛生紙沾水輕輕擦拭或用膠帶慢慢把顏色黏掉，這樣可以保持印章乾淨，下次即可印不同顏色，更可讓線條保持清晰。

2. 除了小丸刀，也可以用筆刀或一般美工刀，但對初學者來說容易下手太重而把線條刻斷，所以小丸雕刻刀比較適合剛開始學橡皮章的朋友們。

BONUS：

以下五個小圖案，可以讓你的手作更可愛！

嬉生活 034

不思議！一張 A4 紙、簡單 4 步驟，輕鬆做出布雜貨

文字攝影　　海豚（鄧明珠）

美術設計　　徐智勇

編　　輯　　余純菁

校　　對　　林雅萩

出　　版　　英屬維京群島商高寶國際有限公司台灣分公司
　　　　　　Global Group Holdings, Ltd.

地　　址　　台北市內湖區洲子街 88 號 3 樓

網　　址　　gobooks.com.tw

電　　話　　（02）27992788

電子郵件　　readers@gobooks.com.tw（讀者服務部）
　　　　　　pr@gobooks.com.tw（公關諮詢部）

傳　　真　　出版部（02）27990909　行銷部（02）27993088

郵政劃撥　　19394552

戶　　名　　英屬維京群島商高寶國際有限公司台灣分公司

發　　行　　希代多媒體書版股份有限公司 /Printed in Taiwan

初版日期　　2012 年 6 月

國家圖書館出版品預行編目資料

不思議！一張 A4 紙、簡單 4 步驟，輕鬆做出布雜貨 /
海豚（鄧明珠）文字.攝影.
-- 初版 .-- 臺北市：高寶國際出版：希代多媒體發行，
2012.06　128 面；19x24 公分（嬉生活；CI 034）

ISBN 978-986-185-722-0（平裝）

1. 手工藝

426.7　　　　　　　101009342